U0172120

技工院校"十四五"规划计算机广告制作专业系列教材
中等职业技术学校"十四五"规划艺术设计专业系列教材

版式设计

陈杰明 赵奕民 高飞 范婕 主编

郑雁 吴锐 杜振嘉 副主编

华中科技大学出版社
http://www.hustp.com
中国 · 武汉

内容提要

　　本书从认识版式设计、版式设计的构成与构图、信息图表设计、文本的版式设计、图文混合的版式设计、网格与版式设计、版式设计的应用与实践等方面讲解版式设计。同时，本书结合传单、折页的版式设计实训，使学生加深了对版式设计概念的理解并提高了实践操作技能。本书理论讲解细致，内容全面，条理清晰，图文并茂，将理论知识融入实训中。本书可作为技工院校和中职中专类职业院校视觉传达设计、平面设计和广告设计专业教材，还可以作为设计爱好者的自学辅导用书。

图书在版编目（ＣＩＰ）数据

版式设计 / 陈杰明等主编 . — 武汉：华中科技大学出版社，2022.6（2024.8重印）

ISBN 978-7-5680-8274-7

Ⅰ . ①版… Ⅱ . ①陈… Ⅲ . ①版式 - 设计 Ⅳ . ① TS881

中国版本图书馆 CIP 数据核字 (2022) 第 102282 号

版式设计

Banshi Sheji

陈杰明 赵奕民 高飞 范婕 主编

策划编辑：金　紫

责任编辑：周怡露

装帧设计：金　金

责任监印：朱　玢

出版发行：华中科技大学出版社（中国 • 武汉）　　　电　　话：（027）81321913

　　　　　武汉市东湖新技术开发区华工科技园　　　　邮　　编：430223

录　　排：天津清格印象文化传播有限公司

印　　刷：武汉市洪林印务有限公司

开　　本：889mm×1194mm　1/16

印　　张：10

字　　数：306 千字

版　　次：2024 年 8 月第 1 版第 3 次印刷

定　　价：59.80 元

技工院校"十四五"规划计算机广告制作专业系列教材
中等职业技术学校"十四五"规划艺术设计专业系列教材
编写委员会名单

● 编写委员会主任委员

文健（广州城建职业学院科研副院长）　　　　宋雄（广州市工贸技师学院文化创意产业系副主任）

叶晓燕（广东省城市技师学院环境设计学院院长）　张倩梅（广东省城市技师学院文化艺术学院院长）

周红霞（广州市工贸技师学院文化创意产业系主任）　吴锐（广州市工贸技师学院文化创意产业系广告设计教研组组长）

黄计惠（广东省轻工业技师学院工业设计系教学科长）　汪志科（佛山市拓维室内设计有限公司总经理）

罗菊平（佛山市技师学院艺术与设计学院副院长）　林姿含（广东省服装设计师协会副会长）

吴建敏（东莞市技师学院商贸管理学院服装设计系主任）蔡建华（山东技师学院环境艺术设计专业部专职教师）

赵奕民（阳江市第一职业技术学校教务处主任）　石秀萍（广东省粤东技师学院工业设计系副主任）

● 编委会委员

陈杰明、梁艳丹、苏惠慈、单芷颖、曾铮、陈志敏、吴晓鸿、吴佳鸿、吴锐、尹志芳、陈思彤、曾洁、刘毅艳、杨力、曹雪、高月斌、陈矗、高飞、苏俊毅、何淦、欧阳敏琪、张琮、冯玉梅、黄燕瑜、范婕、杜聪聪、刘新文、陈斯梅、邓卉、卢绍魁、吴婧琳、钟锡玲、许丽娜、黄华兰、刘筠烨、李志英、许小欣、吴念姿、陈杨、曾琦、陈珊、陈燕燕、陈媛、杜振嘉、梁露茜、何莲娣、李谋超、刘国孟、刘芊宇、罗泽波、苏捷、谭桑、徐红英、阳彤、杨殿、余晓敏、刁楚舒、鲁敬平、汤虹蓉、杨嘉慧、李鹏飞、邱悦、冀俊杰、苏学涛、陈志宏、杜丽娟、阳丽艳、黄家岭、冯志瑜、丛章永、张婷、劳小芙、邓梓艺、龚芷玥、林国慧、潘启丽、李丽雯、赵奕民、吴勇、刘洁、陈玥冰、赖正媛、王鸿书、朱妮迈、谢奇肯、杨晓玲、吴滨、胡文凯、刘灵波、廖莉雅、李佑广、曹青华、陈翠筠、陈细佳、代惠宁、古燕苹、胡年金、荆杰、李津真、梁泉、吴建敏、徐芳、张秀婷、周琼玉、张晶晶、李春梅、高慧兰、陈婕、蔡文静、付盼盼、谭珈奇、熊洁、陈思敏、陈翠锦、李桂芳、石秀萍、周敏慧、邓兴兴、王云、彭伟柱、马殷睿、汪恭海、李竞昌、罗嘉劲、姚峰、余燕妮、何蔚琪、郭咏、马晓辉、关仕杰、杜清华、祁飞鹤、赵健、潘泳贤、林卓妍、李玲、赖柳燕、杨俊龙、朱江、刘珊、吕春兰、张焱、甘明坤、简为轩、陈智盖、陈佳宜、陈义春、孔百花、何旭、刘智志、孙广平、王婧、姚歆明、沈丽莉、施晓凤、王欣苗、陈洁冬、黄爱莲、郑雁、罗丽芬、孙铁汉、郭鑫、钟春琛、周雅靓、谢元芝、羊晓慧、邓雅升、阮燕妹、皮添翼、麦健民、姜兵、童莹、黄汝杰、薛晓旭、陈聪、邝耀明、童莹

● 总主编

文健，教授，高级工艺美术师，国家一级建筑装饰设计师。全国优秀教师，2008 年、2009 年和 2010 年连续三年获评广东省技术能手。2015 年被广东省人力资源和社会保障厅认定为首批广东省室内设计技能大师，2019 年被广东省教育厅认定为建筑装饰设计技能大师。中山大学客座教授，华南理工大学客座教授，广州大学建筑设计研究院室内设计研究中心客座教授。出版艺术设计类专业教材 120 种，拥有具有自主知识产权的专利技术 130 项。主持省级品牌专业建设、省级实训基地建设、省级教学团队建设 3 项。主持 100 余项室内设计项目的设计、预算和施工，项目涉及高端住宅空间、办公空间、餐饮空间、酒店、娱乐会所、教育培训机构等，获得国家级和省级室内设计一等奖 5 项。

● 合作编写单位

（1）合作编写院校

广州市工贸技师学院	广州市蓝天高级技工学校
佛山市技师学院	茂名市交通高级技工学校
广东省城市技师学院	广州城建技工学校
广东省轻工业技师学院	清远市技师学院
广州市轻工技师学院	梅州市技师学院
广州白云工商技师学院	茂名市高级技工学校
广州市公用事业技师学院	汕头技师学院
山东技师学院	广东省电子信息高级技工学校
江苏省常州技师学院	东莞实验技工学校
广东省技师学院	珠海市技师学院
台山敬修职业技术学校	广东省机械技师学院
广东省国防科技技师学院	广东省工商高级技工学校
广州华立学院	深圳市携创高级技工学校
广东省华立技师学院	广东江南理工高级技工学校
广东花城工商高级技工学校	广东羊城技工学校
广东岭南现代技师学院	广州市从化区高级技工学校
广东省岭南工商第一技师学院	肇庆市商业技工学校
阳江市第一职业技术学校	广州造船厂技工学校
阳江技师学院	海南省技师学院
广东省粤东技师学院	贵州省电子信息技师学院
惠州市技师学院	广东省民政职业技术学校
中山市技师学院	广州市交通技师学院
东莞市技师学院	广东机电职业技术学院
江门市新会技师学院	中山市工贸技工学校
台山市技工学校	河源职业技术学院
肇庆市技师学院	山东工业技师学院
河源技师学院	深圳市龙岗第二职业技术学校

（2）合作编写组织

广州市赢彩彩印有限公司

广州市壹管念广告有限公司

广州市璐鸣展览策划有限责任公司

广州波错展览设计有限公司

广州市风雅颂广告有限公司

广州质本建筑工程有限公司

广东艺博教育现代化研究院

广州正雅装饰设计有限公司

广州唐寅装饰设计工程有限公司

广东建安居集团有限公司

广东岸芷汀兰装饰工程有限公司

广州市金洋广告有限公司

深圳市千千广告有限公司

广东飞墨文化传播有限公司

北京迪生数字娱乐科技股份有限公司

广州易动文化传播有限公司

广州市云图动漫设计有限公司

广东原创动力文化传播有限公司

菲逊服装技术研究院

广州珈钰服装设计有限公司

佛山市印艺广告有限公司

广州道恩广告摄影有限公司

佛山市正和凯歌品牌设计有限公司

广州泽西摄影有限公司

Master 广州市燨大师艺术摄影有限公司

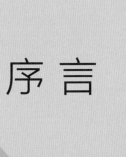

序言

　　技工教育和中职中专教育是中国职业技术教育的重要组成部分，主要承担培养高技能产业工人和技术工人的任务。随着"中国制造2025"战略的逐步实施，建设一支高素质的技能人才队伍是实现规划目标的必备条件。如今，国家对职业教育越来越重视，技工和中职中专院校的办学水平已经得到很大的提高，进一步提高技工和中职中专院校的教育、教学和实训水平，提升学生的职业技能，弘扬和培育工匠精神，已成为技工院校和中职中专院校的共同目标。而高水平专业教材建设无疑是技工院校和中职中专院校教育特色发展的重要抓手。

　　本套规划教材以国家职业标准为依据，以综合职业能力培养为目标，以典型工作任务为载体，以学生为中心，根据典型工作任务和工作过程设计教学项目和学习任务。同时，按照工作过程和学生自主学习的要求进行内容设计，实现理论教学与实践教学合一、能力培养与工作岗位对接合一、实习实训与顶岗工作合一。

　　本套规划教材的特色在于，在编写体例上与技工院校倡导的"教学设计项目化、任务化，课程设计教、学、做一体化，工作任务典型化，知识和技能要求具体化"紧密结合，体现任务引领实践的课程设计思想，以典型工作任务和职业活动为主线设计教材结构，以职业能力培养为核心，将理论教学与技能操作相融合作为课程设计的抓手。本套规划教材在理论讲解环节做到简洁实用、深入浅出；在实践操作训练环节体现以学生为主体的特点，创设工作情境，强化教学互动，让实训的方式、方法和步骤清晰，可操作性强，并能激发学生的学习兴趣，促进学生主动学习。

　　本套规划教材由全国50余所技工院校和中职中专院校广告设计专业共60余名一线骨干教师与20余家广告设计公司一线广告设计师联合编写。校企双方的编写团队紧密合作，取长补短，建言献策，让本套规划教材更加贴近专业岗位的技能需求，也让本套规划教材的质量得到了充分的保证。衷心希望本套规划教材能够为我国职业教育的改革与发展贡献力量。

技工院校"十四五"规划计算机广告制作专业系列教材

总主编

中等职业技术学校"十四五"规划艺术设计专业系列教材

教授/高级技师　文健

2021年5月

前 言

版式设计是视觉传达设计和平面设计类专业的一门基础课。版式设计，即版面的编排设计，依照视觉信息的既有要素与媒体介质要素进行的一种组织构造性设计，是根据媒体界面，将信息内容，如文字、图像、图形、符号、色彩、尺度、空间等元素按照一定的逻辑性进行组织、编排，从而使版面视觉信息得到准确清晰的传达，同时具有一定的视觉美感，增强信息传达的效果。

本书在编写上紧贴视觉传达设计和平面设计专业的岗位需求，注重培养设计思维和设计方法，强调设计理论与实践操作的融会贯通。同时按照职业教育的特点，注重培养学生动手能力，依托大量的设计案例分析和版式设计操作实训，图文并茂，深入浅出，将理论知识融入实训中。本书可作为技工院校和中职中专类职业院校视觉传达设计、平面设计和广告设计专业教材，还可以作为设计爱好者的自学辅导用书。

本书由广州市工贸技师学院陈杰明、高飞、吴锐，阳江市第一职业技术学校赵奕民，佛山市技师学院范婕，广东机电职业技师学院郑雁，广东省轻工业技师学院杜振嘉编写：项目一由吴锐编写；项目二的学习任务一、学习任务二、学习任务三，以及项目七由范婕编写；项目三由高飞编写；项目四由郑雁编写；项目五由赵奕民编写；项目六由杜振嘉编写。全书数字资源由陈杰明编写及制作。出于编者水平有限，本书难免存在一些不足之处，敬请读者批评指正。

陈 杰 明

2022 年 2 月 17 日

课时安排（建议课时 38）

项目	课程内容		课时	
项目一 认识版式设计	学习任务一	版式设计相关基础概念	2	
	学习任务二	版式设计的基本流程	2	6
	学习任务三	版式设计印刷知识	2	
项目二 版式设计的构成与构图	学习任务一	版式设计中点、线、面的运用	2	
	学习任务二	版面构图	2	6
	学习任务三	版式设计中的视觉引导	2	
项目三 信息图表设计	学习任务一	数据可视化	2	
	学习任务二	插图与信息图表	2	4
项目四 文本的版式设计	学习任务一	字体的选择	2	
	学习任务二	标题的编排	2	6
	学习任务三	文字的编排	2	
项目五 图文混合的版式设计	学习任务一	图片的选择	2	
	学习任务二	图片的处理与运用	2	6
	学习任务三	图文结合的编排	2	
项目六 网格与版式设计	学习任务一	网格版式的概念	2	
	学习任务二	网格的设置与运用	2	6
	学习任务三	网格的突破	2	
项目七 版式设计的应用与实践	学习任务一	传单、折页的版式设计	2	
	学习任务二	提升版面的高级感	2	4

目 录

项目一
认识版式设计

版式设计相关基础概念

教学目标

（1）专业能力：能理解版式设计的基本概念、范围、意义和发展历程。

（2）社会能力：能收集、归纳整理版式设计代表性案例，能理解不同类型版式设计作品的表现特征。

（3）方法能力：具备信息和资料收集能力、案例分析能力、归纳总结能力。

学习目标

（1）知识目标：理解版式设计的概念、范围、发展历程。

（2）技能目标：能够从众多的版式设计案例中梳理归纳出不同类别的版式设计作品及其表现特征或特点。

（3）素质目标：能够清晰理解和表述版式设计在平面设计中的地位与作用。

教学建议

1. 教师活动

（1）教师通过展示生活中常见的版式设计案例引出版式设计的基本概念。同时，运用多媒体课件、教学视频等多种教学手段，展示版式设计并讲解版式设计的功能意义，引导学生收集版式设计案例并梳理分析，教师进行总结讲解。

（2）教师讲解版式设计的发展历史，引导学生对版式设计发展进程的关键信息进行梳理和提炼总结，组织学生讨论版式设计在平面设计中的地位，并引导学生将总结讨论的结果进行展示汇报，教师点评总结。

2. 学生活动

（1）根据教师讲授的内容收集各类案例，对各类案例进行汇总并分析，制作展示汇报 PPT 并进行讲解。

（2）根据教师讲授的内容进一步收集资料，分组进行版式设计发展进程关键信息的梳理和提炼总结，小组内讨论版式设计在平面设计中的地位，并进行现场展示和讲解汇报。

一、学习问题导入

本次任务我们一起来学习版式设计的概念，以及版式设计在我们生活中的作用和意义。版式设计到底涉及哪些具体领域？我们先来看一些设计作品感受版式设计的作用，如图1-1～图1-5所示。

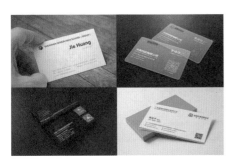

图1-1 名片版式设计

图1-2 书籍封面版式设计

图1-3 杂志内页版式设计

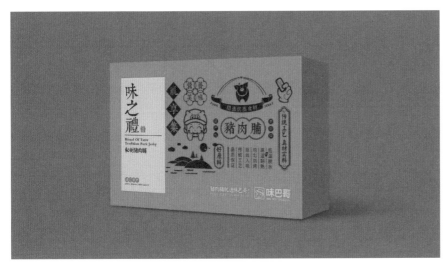

图1-4 包装版式设计

图1-5 广告海报版式设计

从上图中的设计作品可以看到，不管是尺寸较小的纯文字的名片，还是图文并茂的杂志，不论是纸张、包装，还是其他广告媒介，这些平面作品都存在或多或少的视觉要素，如文字、图形、图像、颜色，所有这些平面作品的设计制作都涉及版式设计。

二、学习任务讲解

1. 版式设计的概念

版式设计也称为编排设计（layout design），是指在特定的版面空间中，根据版面的内容和功能需求，结合特定审美规律与设计规范，通过特定的设计手法将各种视觉要素如文字、色彩、图形、图片等进行排列组合的设计行为与过程，其目的是更有效地传达信息，同时在传达过程中给人美好的视觉感受。版式设计的应用范围涉及报刊、书籍、海报、网页、产品包装等领域。可以说，所有涉及对文字、图形、图片、色彩这些视觉要素进行编排组合的设计工作都需要用到版式设计。

2. 版式设计的作用和意义

版式设计的作用和意义在于通过合理组织和编排视觉要素，突出版面主题，营造艺术感染力，最大限度吸引观看者的注意力，达到有效传递信息的目的，如图1-6所示。具体体现在以下三个方面。

（1）成功传递信息。

版式设计可以在有限的版面空间里，把所有元素根据特定内容进行组合排列，以恰当的方式和合理的创意把信息传递给读者。

（2）提升审美愉悦。

图1-6 《皮影》一书的封面设计

版式设计将不同的视觉要素组合，运用造型要素及形式原理，把构思和创意通过美的视觉形式传达给读者，强化主体视觉形象，使读者产生遐想和共鸣。读者在接受传递的信息的同时，获得了艺术上的享受。

（3）强化传播印象。

版式设计使画面具有艺术性、娱乐性、亲和性，更好地帮助读者在阅读过程中了解内容，提高读者的兴趣，通过视觉形式给读者留下深刻的印象。

3. 版式设计的发展历程

版式设计随着社会文明的进步而发展，也随着信息载体和交流方式的扩大而改变，东西方的版式设计在各自不同的历史时期，呈现出不同的面貌。

（1）中国古代版式设计的演变。

甲骨文是我国现存最早的"书籍"形式，其开创了从右手竖排的汉字特有的排版方式，字与字之间的距离约为半个或三分之一个字的大小，行距为1~2个字距，如图1-7所示。

金文亦称铭文、钟鼎文，铸于殷商与周朝的青铜器上。文字从右手起始，竖排，间距有着较为严格的限定，如图1-8所示。

石刻文字笔画规整，字距与行距并无太大的差距，纵向与横向较为均匀，如图1-9所示。

图1-7 甲骨文

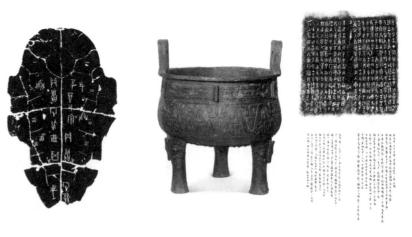

图1-8 金文

简牍是对我国古代遗存下来的写有文字的竹简与木牍的统称。用竹片写的书称"简策"，用木板写的书叫"版牍"。超过 100 字的长文，就写在简策上，不到 100 字的短文，便写在木板上。如图 1-10 所示为河西简牍遗墨。

帛书（图 1-11）出现于战国，有折叠和卷轴两种形式，沿用简牍的书写规律。它易于携带、轻便，但昂贵，易损坏，难保存。它为后人对书写材料乃至新型版式的探索，提供了历史传承依据。

用纸写的卷轴书如图 1-12 所示，也称"卷子"，盛行于南北朝至唐代。南北朝后，书籍进入由卷轴装形式推进到册页装形式的新阶段。历经唐、宋、元、明、清，书籍的形式发展到线装形式，具备了现代书籍形式的共同特点。

图 1-9　石刻文字

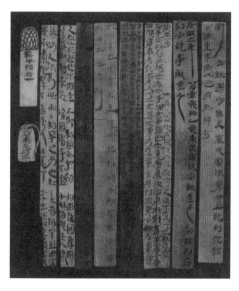

图 1-10　河西简牍遗墨

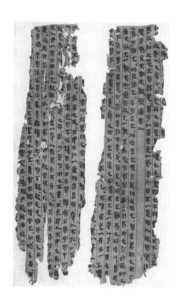

图 1-11　帛书

图 1-12　卷轴书

自明代起，中国的文人喜好在书籍的天头和地脚书写心得，加注批语。故而线装书的形式大多具有版心小，天头、地脚大的特点。直接在书上进行批注圈点已是明代文人的时尚，似乎不在书上注解、批释，一本书的版面就不够完整。当这种批注形式出现之后，版面形态便发生了变化，成为中国古籍版面编排的一大特色。如图 1-13 所示即为明代书册的经典版式。

古人的这种治学读书方式，为中国古典版面形态创造了一种独特的艺术形式，这在世界古典版面编排史上独树一帜。一本书印刷排版完工后并不等于版面编排工作已结束，只能说版面编排仅进行了大半，其他则由读者完成。包背装尤其是线装书的版面编排，必须依靠刻字印刷工与读者共同完成，这样才算得上真正意义上的版面编排，这种方式在世界排版史和版本学上也是绝无仅有的文化现象。这种现象从图 1-14 和图 1-15 可见一斑。

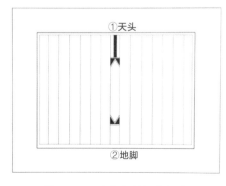

①天头

②地脚

图 1-13　明代书册经典版式

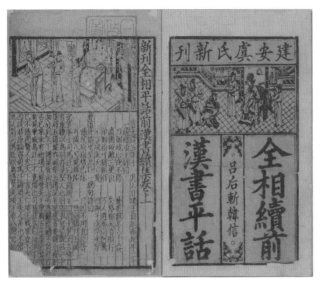

图 1-14　古代印刷刊物

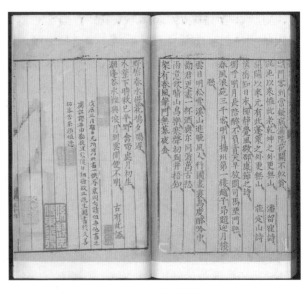

图 1-15　古代书籍刊物

（2）西方古代文字和版式设计的演变。

公元前 3000 年的古巴比伦，苏美尔人将湿泥做成块状泥板，用木片刻画其上形成具有凹槽的楔形文字。楔形文字按照一定的规律排列，是西方最早的编排形式，如图 1-16 所示。

古埃及人用纸草做成卷轴，其上绘制象形文字和精美的插图，版面形式十分丰富，有人称这一现象是现代平面设计发展的最早依据，其特点在于利用版面已有的区域综合布局，图文呼应有序，精美绝伦，如图 1-17 所示。

图 1-16　苏美尔人楔形文字

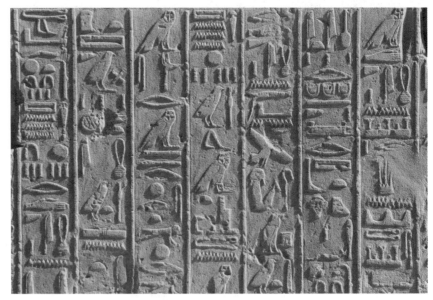

图 1-17　古埃及象形文字

西方文明起源是建立在古埃及与古巴比伦文化既有成果的基础上的，然而最早的欧洲文明诞生于古希腊的克里特岛，史称米诺亚文明。公元前 2800 年左右，米诺亚文明在腓尼基文化的影响下出现了拼音字母。米诺亚文明之后，希腊全面走向繁荣，但随着罗马人的攻入，这一文明很快被摧毁。罗马人力图将希腊所有的文明成果全部搬走。随后，罗马文明取代希腊文明。希腊文字经过罗马人改良后变成接近今天的拉丁字母。由于罗马字体的成熟，罗马人的书写方式已完全变成了自左向右的横式排列，如图 1-18 所示。在此期间，羊皮纸大量使用，但价格十分昂贵，版面编排的空间相对狭小，字行密度大、字体小，多为对称式，甚为庄严。

中世纪的宗教统治极为黑暗，泯灭了人类的许多创造性，不同于古典时期，在整个漫长的中世纪，版面编排也分为数个发展阶段，前期每一个阶段的变化非常缓慢，但到了中世纪后期，版面变化开始加快。如图 1-19 所示即为中世纪古典版面。

文艺复兴时期，版面字体大量采用罗马体，为了尽量不受旧编排模式影响，而采用了横纵方向的几何模式，布局工整，许多方面已接近现代排版方式。这种版式易于阅读，装饰上虽然有洛可可风格的花哨特点，但并不足以影响简洁的版面功能，如图 1-20 所示。

图 1-18　罗马石刻文字

图 1-19　中世纪古典版面

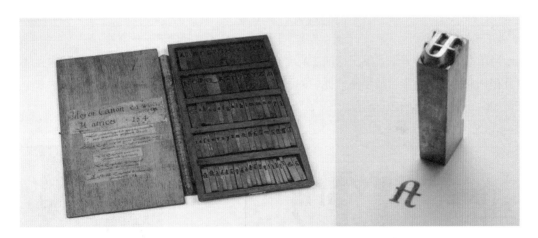

图 1-20　文艺复兴时期的"加拉蒙"铅字

（3）近现代艺术设计流派对版式的影响。

① 英国"工艺美术"运动和法国"新艺术"运动版式设计。

19 世纪下半叶，英国兴起了"工艺美术"运动，主张恢复中世纪手工工场的生产方式，从自然形态中吸取精华，重视向日本装饰风格学习等，力图振兴英国当时的设计业，版式设计深受影响，如图 1-21 和图 1-22 所示。紧随其后的法国"新艺术"运动，主张完全放弃传统设计，强调自然风格的重要性，同时否认自然界中直线的存在。这一流派中的版式设计存在大量曲线和植物纹样，如图 1-23 所示。

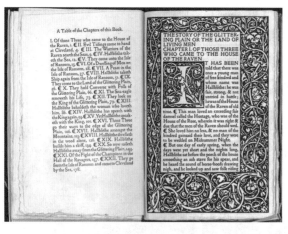

图 1-21 《呼啸平原的故事》目录页与首页，威廉·莫
里斯设计，1891 年

图 1-22 《人间乐园》内页，威廉·莫里斯设计，约
1896 年

图 1-23 阿尔丰斯·穆夏设计的海报

② 俄国构成主义版式设计。

在俄国十月革命爆发的背景下，俄国构成主义者在平面设计形式表现语言方面做了大胆的尝试，在平面设计中应用了几何抽象图形和摄影合成手法。他们的设计多以数理的、块面的分割为特点，追求非个人化的、机械感的风格，如图 1-24 和图 1-25 所示。

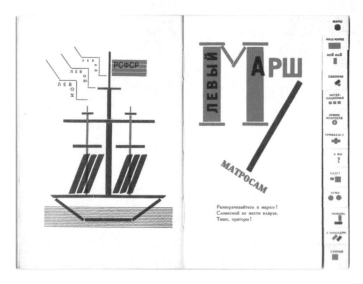

图 1-24 构成主义大师李西斯基的作品 1

图 1-25 构成主义大师李西斯基的作品 2

③ 荷兰风格派版式设计。

风格派的思想和形式起源于蒙德里安的绘画探索，从一开始就追求艺术的抽象与简化，反对一切表现成分。其最大特点在于将单体几何结构通过一定的形式规则地组合，而其结构的独立性依旧保持完整，运用横纵直线寻求版面的平衡性，通过数理计算使版面趋于逻辑性、秩序性，如图1-26和图1-27所示。

图1-26　荷兰风格派维尔莫斯·胡札的平面设计　　　　图1-27　荷兰风格派维尔莫斯·胡札的《风格》杂志设计
作品

④ 包豪斯版式设计。

包豪斯集中了20世纪初欧洲各国对设计的新探索，并发展了俄国构成主义、荷兰风格派，建立了以观念为中心，以解决问题为中心的设计体系，奠定了现代设计教育的结构基础和工业设计的基本面貌。包豪斯主张高度理性，设计形式几何化，强调功能至上和减少主义，非对称的画面，靠版面分割达到均衡，如图1-28～图1-30所示。

图1-28 包豪斯作品1　　　　　　图1-29　包豪斯作品2　　　　　　图1-30　包豪斯海报

⑤ 未来主义。

未来主义将文字作为视觉传达中的组成元素，把版面设计当成绘画作品，所有的点、线、面及文字符号都是基本视觉形态的建造材料。其版面设计具有混乱性，是对抗理性主义设计的开始，如图1-31所示。

⑥ 达达主义。

偶然性和随意性是达达主义的创作核心。较之于未来主义版式设计，达达主义版式设计更强调拼贴的作用，同时，结合摄影图片进行排版，出现了无规律、自由化的特征，如图1-32所示。

图1-31　马里内蒂的作品《自由之语》，1913年　　　　图1-32　《达达海报》西奥·凡·杜斯伯格和库特·施
威特，1922年

⑦ 超现实主义版式设计风格。

"超现实主义"认为，人类自发的、无计划的、突如其来的思想语言比语法、文字更加真实，因为它是思想的真实流露。弗洛伊德所揭示的那个直觉、梦幻和潜意识领域的世界就是超现实主义探索和追求的。如图1-33所示即为超现实主义版式设计一例。

⑧ 国际主义版式设计风格。

20世纪50年代在德国和瑞士出现一种崭新的平面设计风格，因其简单明了、传达功能准确满足了当时国际交流的需求，很快发展为国际上流行的设计风格。其特点是力图通过简单的网格结构和近乎标准化的版面公式，达到设计上的统一。具体来讲，国际主义版式设计风格采用方格网作为设计的基础，将版式设计的所有视觉元素——文字、图形、色彩和符号等规范地安排在这个框架之中，字体采用无线字体，颜色较简单，整个版面呈现出整洁明确的特点，如图1-34所示。

 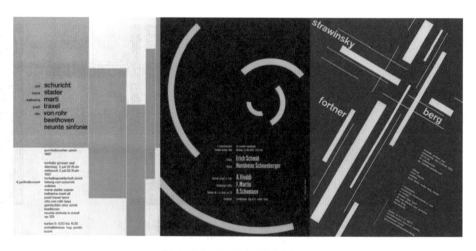

图1-33　金特·凯泽海报作品　　　　　　　　　　图1-34　国际主义版式作品

⑨ 纽约平面设计派。

"二战"时期，欧洲的平面设计师大批逃亡美国，刺激了美国现代主义平面设计的发展。以纽约平面设计派为代表的美国现代平面版式设计，一方面继承国际主义风格对功能性的注重；另一方面，更强调将平面设计的各个因素综合使用，呈现出视觉效果强烈、丰富的表现形式，如图1-35所示。

图 1-35　纽约平面设计学派保罗·兰德的作品

（4）版式设计的发展趋势。

① 简约化。

简约化是现代版式设计的国际化趋势之一。在信息爆炸以及人们的生活、工作节奏飞快的现代社会，人们更喜欢一些简洁明了、直接切入主题、充满创新意识的版式设计风格。那些具有视觉冲击力的简约作品，更容易使受众过目不忘，如图 1-36 所示。

图 1-36　简约化的作品

② 个性化。

随着社会经济的发展，产品种类和数量以及商业活动越来越多，消费市场和消费者需要个性化的设计艺术。卡里姆·拉希德说："我们的物质环境已经有了很大的进步，这使得人们作为观众在鉴赏物质的时候变得更加苛刻，而且人们也更愿意对物质生活提出自己的意见。"对于版式设计来说，个性化的设计才能从海量的信息中脱颖而出，如图 1-37 所示。

③ 文字图形化。

文字图形化的版式设计可增强设计的趣味性，文字作为生动的设计元素活跃于版面中，从而使版面产生了新的生命力。文字不再是孤立的视觉语言，已成为图形的一部分，如图 1-38 所示。

图 1-37　个性化的海报

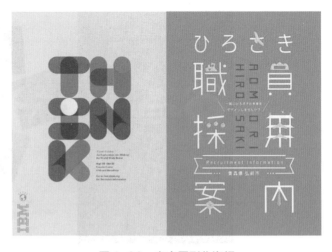

图 1-38　文字图形化海报

④ 数码化与多维空间。

数码技术已广泛应用于设计领域，成为必要的设计工具，给版面构成带来了实现创意的无限潜能和高效率，使版面能构成多视点、矛盾性空间层次的立体化多维空间。数码技术使各种视觉要素的组合有了更多的可能性，空间构成更加多维，有深度感，如图 1-39 所示。

图 1-39　数码化与多维空间风格作品

⑤ 民族与地方风格倾向。

民族性和地方特色是现代设计的主要趋势。如何在版式设计中融合本民族的优秀文化遗产，形成具有民族和地方特色的设计风格，是现代各国设计师致力于解决的重要问题。如图 1-40 所示即为民族与地方风格的海报作品。

⑥ 动态化。

在数字技术快速发展的今天，以前所有的平面视觉设计"一切都在动态化"。动态作为一种非常好的创作载体，几乎覆盖所有视觉应用领域，当然也包括版式设计。动态设计作为当下热门的创作形式和载体，成为设计的主流趋势之一，越来越多的版式设计案例进行了动态化的设计，包括动态图形、动态字体、动态海报、动态数字书籍等。

图1-40　民族与地方风格海报

三、学习任务小结

通过本次任务的学习，同学们已经初步了解了版式设计的概念，以及在现代社会生活中版式设计的功能与作用，也了解了版式设计的发展历史。优秀版式设计作品的展示和分析，加强了同学们对版式设计的理解。课后，同学们需要针对本次任务的内容进行归纳总结，完成相关的作业。同学们还应收集与梳理版式设计作品，制作成 PPT 进行展示分析。

四、课后作业

每位同学收集各类经典版式设计作品，并收集每个版式设计作品的设计师、设计内容、时代背景、影响力等信息，制作 PPT 并展示交流。

学习任务

二

版式设计的基本流程

教学目标

（1）专业能力：能理解版式设计的基本流程，明确各个工作环节的内容。

（2）社会能力：能收集、归纳整理版式设计工作过程中各环节资料案例，能理解和掌握不同类型版式作品工作流程的内容与特点。

（3）方法能力：具备资料收集能力、案例分析能力和归纳总结能力。

学习目标

（1）知识目标：理解版式设计的基本流程。

（2）技能目标：能够根据不同版式设计项目的实际需要安排合理规范的设计流程，并根据各环节规范执行设计。

（3）素质目标：能够清晰地理解和表述版式设计的基本流程环节及其相关内容。

教学建议

1. 教师活动

（1）教师通过运用多媒体课件、教学视频等多种教学手段，向学生展示版式设计制作过程相关步骤的图片、视频等资料，向学生讲解版式设计工作的基本流程及注意事项。

（2）不同类别版式设计的工作流程存在差别，引导学生收集与梳理相关资料，组织学生对设计流程相关内容进行分享，教师点评总结。

2. 学生活动

（1）观看关于版式设计制作流程的相关资料，理解并掌握版式设计的基本流程、各个工作环节的内容概要等知识。

（2）根据教师讲授的相关内容，收集和梳理相关版式设计流程的资料，制作 PPT 并讲解。

一、学习问题导入

本次任务我们先来学习版式设计具体案例的制作流程，了解版式设计的基本流程，再进一步讨论不同类别版式设计在实际工作流程中的区别。

二、学习任务讲解

1. 版式设计的流程

我们在设计版面的时候，基本会遵循一定的作业流程，如图 1-41 所示。具体可概括为以下几个步骤。

第一，明确主题与内容。设计一个好的版面，首先应确保信息传达的准确性与高效性，所以要先明确该版面的主题和内容，只有知道主题与具体内容，才能根据主题分析与构思，确保后续的各个设计环节都始终围绕主题与内容进行编排设计，最终使版面与设计任务的主题统一，确保信息传达的一致性。如图 1-42 所示即为运动主题的版式设计作品。

图 1-41　版式设计作业流程图

图 1-42　运动主题版式设计

第二，设计分析与定位。设计分析包括对设计项目与受众群体的分析。在设计之前要对设计项目进行研究调查，收集资料、了解相关背景信息等，同时要对受众进行分析，不能盲目编排，而是要根据受众群体的特点与需求来分析与构思。如儿童看的书要多图少字，有趣味性；年轻人看的书要色彩感觉好，版式青春、时尚，能够体现年轻化与个性化的特点；老年人看的书要考虑风格大气、稳重，选择稍大一号的字体，版面规整，符合版面的阅读习惯等。不同的群体要求不一样的版式设计，所以在设计版式之前需要对受众群体的特点与需求进行分析，进而对版面的风格、画面特点进行定位，再进行具体的设计，比如选择哪些合适的元素，考虑采用什么样的表现形式，运用怎样的色彩搭配，选择怎样的字体，等等，如图 1-43 ~ 图 1-46 所示。

第三，资料与素材收集分析。根据前期的分析与定位，了解了设计项目的背景与受众的需求后，就需要进行相关的资料收集与梳理分析，而后进行设计思维导图制作，构思与确定自己的设计思路或方案，如图 1-47 所示。

图 1-43　儿童可爱版式风格

图 1-44　年轻化、个性化版式风格

图 1-45　简约版式风格

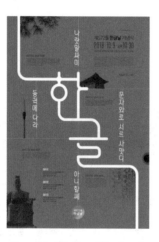

图 1-46　传统元素版式风格

图 1-47　思维导图

　　第四，版面草图绘制。根据设计思路或方案，进行纸面草图的绘制，初步确定设计的画面风格表现、画面构图布局、画面创意、各元素编排特点等内容，如图 1-48 所示。

　　第五，电脑设计制作。根据前期绘制完善的草图，使用相应的专业设计软件，结合相关设计素材与信息进行规范的设计制作，如图 1-49 所示。设计师应该与客户不断沟通，完善设计稿件直至定稿。在电脑设计制作过程中还需要结合印刷制作的一些需求进行设置与制作，确保符合印刷需要。

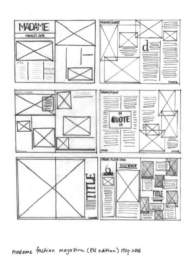

图 1-48　版式草图

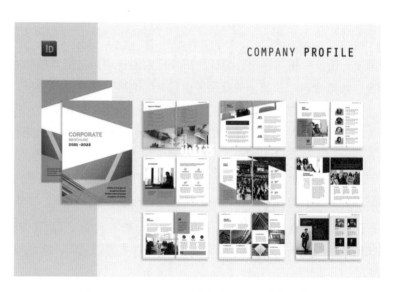

图 1-49　用版式设计软件 InDesign 制作的作品

第六，输出印刷装订。在设计定稿之后，根据项目的印刷制作需求，结合纸张的类型、材质、质量、尺寸与印刷制作工艺等，进行印刷文件的设置与输出，根据输出的文件与印刷公司对接执行印刷装订，最终得到版式设计作品的印刷实物，如图1-50所示。

图 1-50 画册印刷装订

三、学习任务小结

通过本次任务的学习，同学们已经初步了解了版式设计的基本流程，以及各个流程步骤的内容与规范。同学们通过不同类别版式设计案例制作过程的资料收集与对比分析，加深对版式设计工作流程的理解。课后，请大家针对本次任务所学内容进行归纳总结，完成相关的作业。

四、课后作业

每位同学收集一个版式设计案例的制作过程资料，收集每个工作环节的相关文字内容与展示图片、视频等资料，制作 PPT 并展示交流。

学习任务

三

版式设计印刷知识

教学目标

（1）专业能力：能理解版式设计相关印前制作、印刷类型、纸张、油墨与印刷制作工艺等内容。

（2）社会能力：能收集、归纳整理不同种类印刷材质与工艺的版式设计作品相关案例，能分析和判断不同类型版式作品的印刷制作纸张材质、工艺特点。

（3）方法能力：具备资料收集能力、案例分析能力和归纳总结能力。

学习目标

（1）知识目标：掌握版式设计的相关印刷知识。

（2）技能目标：能根据版式设计项目的实际需要进行印前制作，选择纸张材质，确定印刷工艺。

（3）素质目标：能够辨别不同版式设计作品的纸张材质与印刷制作工艺特点。

教学建议

1. 教师活动

（1）教师运用多媒体课件、教学视频、实物展示等多种教学手段，向学生展示各种版式设计成品的资料及其印刷制作过程资料，向学生讲解版式设计相关的印刷知识、印前制作注意事项。

（2）引导学生收集与梳理不同材质与印刷工艺的版式设计案例，组织学生针对具体某类材质与工艺的版式作品进行汇报，教师点评总结。

2. 学生活动

（1）了解版式作品印刷制作相关的资料，理解并掌握版式设计印前制作、印刷材质工艺等方面的知识。

（2）收集和梳理不同材质与印刷工艺的版式设计资料，制作 PPT 并汇报。

一、学习问题导入

同学们，大家好！本次任务我们来学习印前制作与印刷过程等方面的内容，通过相关图片、文字、视频资料来了解印刷相关知识，再进一步梳理不同类型纸张材质、印刷技术、制作工艺在对版式设计作品中的呈现效果如何。

二、学习任务讲解

1. 关于纸张

（1）纸张开本。

"开本"，是用全开纸张开切的若干等份，表示纸张幅面的大小。将一张全开的印刷用纸开切成幅面相等的若干张，这个张数为开本数。开本的绝对值越大，开本实际尺寸越小。全开纸是指一张按国家标准分切好的原纸。目前最常用的印刷正文纸有 787mm×1092mm 和 889mm×1194mm 两种。把 787mm×1092mm 的纸张，开切成幅面相等的 16 小页，称为 16 开，切成 32 小页，称为 32 开，以此类推。如图 1-51 所示为全开尺寸与纸张开本。

（2）纸张质量。

纸张质量即纸张的厚度，以定量和令重表示。定量又称克重，是指每平方米纸张的重量。令重表示每 500 张全开纸的总质量。一般用克重表示纸张的厚度，如 128g、157g、200g、250g 等。如图 1-52 所示为纸张厚度与克重对照表。

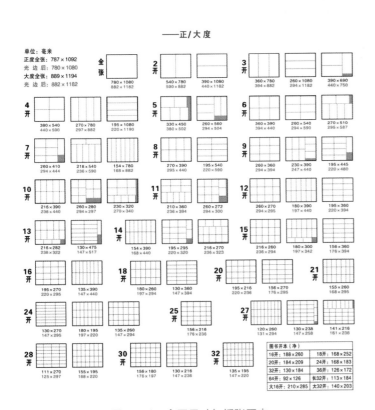

图 1-51　全开尺寸与纸张开本

品名	克重	厚度(mm)	品名	克重	厚度(mm)
	80g	0.06		80g	0.08
	90g	0.07		170g	0.23
	100g	0.08		190g	0.26
	105g	0.09		210g	0.28
	120g	0.10	单铜纸	230g	0.32
	128g	0.12		250g	0.35
	150g	0.13		300g	0.42
双铜纸	157g	0.14		350g	0.49
	180g	0.16		400g	0.56
	200g	0.18		250g	0.31
	210g	0.22		300g	0.42
	230g	0.23		350g	0.48
	250g	0.25	灰底白	400g	0.50
	300g	0.32		450g	0.56
	350g	0.36			
	400g	0.43		250g	0.32
	80g	0.08		300g	0.38
	90g	0.09	双面白	350g	0.45
	105g	0.10		400g	0.51
	115g	0.11		450g	0.60
哑粉纸	128g	0.13		500g	0.67
	157g	0.16		48g	0.04
	200g	0.20	轻涂纸	58g	0.05
	230g	0.24		64g	0.06
	250g	0.26		80g	0.07
	300g	0.29		65g	0.06
	60g	0.08	雅光纸	80g	0.08
	70g	0.09		90g	0.09
	80g	0.11		60g	0.05
	100g	0.12		64g	0.06
	120g	0.15	优光纸	80g	0.08
双胶纸	160g	0.18		90g	0.08
	180g	0.22		100g	0.09
	200g	0.24		60g	0.10
	230g	0.28	牛皮纸	80g	0.12
	250g	0.29		120g	0.17
	300g	0.35		28g	0.04
号薄纸	36g	0.07		30g	0.04
新闻纸	48.8g	0.08	圣经纸	32g	0.04
				35g	0.05

本表只做参考，纸张会因品牌及厂家的不同，在厚度上有一定的差距！

图 1-52　纸张厚度与克重对照表

（3）印刷用纸的种类。

纸张的分类很多，一般分为涂布纸和非涂布纸。涂布纸一般指铜版纸和哑粉纸，多用于彩色印刷；非涂布纸一般指胶版纸、新闻纸，多用于信纸、信封和报纸的印刷。印刷常用纸张如下。

① 新闻纸：主要用于印刷各种新闻报刊，如图 1-53 所示。

② 胶版纸：用于学生课本、高档书刊、杂志、封面、插图等的印刷，也是很好的办公用纸，如图 1-54 所示。

③ 书写纸：用于练习簿、记录本、账簿及其他书写用纸，也可印刷书刊、杂志。

④ 铜版纸（ 80g/m², 100g/m², 120g/m², 157g/m², 200g/m² ）：用于印刷美术图片、插图、画报、画册、封面及高档商品外包装，如图 1-55 所示。

⑤ 单面高级涂布白板纸（ 250g/m²、300g/m²、350g/m²、400g/m² ）：主要用于单面彩色印刷和纸盒包装，如图 1-56 所示。

图 1-53 新闻纸印刷品

图 1-54 胶版纸印刷品

图 1-55 铜版纸杂志

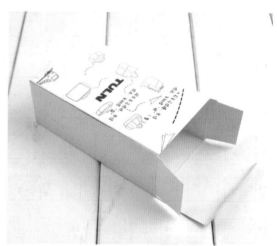

图 1-56 单面高级涂布白板纸包装盒

除常用的印刷纸张外，常用的特种纸如下。

① 植物羊皮纸（硫酸纸）是把植物纤维抄制的厚纸用硫酸处理后，使其改变原有性质的一种变性加工纸。因为是半透明的纸张，硫酸纸在现代设计中，往往用作书籍的环衬或衬纸，有时也用作书籍或画册的扉页。在硫酸纸上印金、印银或印刷图文，别具一格，一般用于高档画册较多。如图1-57所示即为硫酸纸印刷品。

② 合成纸（聚合物纸和塑料纸）是以合成树脂（如PP、PE、PS等）为主要原料，经过一定工艺把树脂熔融，通过挤压、延伸制成薄膜，然后进行纸化处理，赋予其天然植物纤维的白度、不透明度及印刷适性而得到的材料。

③ 压纹纸有两种：一种是在纸张生产后，以机械方式增加图案，成为压纹纸；二是平张原纸干透后，便放进压纹机进一步加工，然后经过两个滚轴的对压，其中一个滚轴刻有压纹图案，纸张经过后便会压印成纹。许多用于软包装的纸张常采用印刷前或印刷后压纹的方法，提高包装的视觉效果，提高商品的价值。因此压纹加工已成为纸张加工的一种重要方法。

④ 花纹纸：设计师及印刷商不断寻求别出心裁的设计风格，使作品脱颖而出。许多时候花纹纸就能使它们锦上添花。花纹纸手感柔软，外观华美，成品更富高贵气质，令人赏心悦目。花纹纸品种较多，各具特色，较普通纸档次高。如图1-58所示为花纹纸封面。

图1-57　硫酸纸印刷品

图1-58　花纹纸封面

书籍装帧所涉及的材料除了纸张以外还有许多其他材料。可用作书籍封面的材料很丰富，特别是精装书籍的封面、封套等，大致可以分为原材料、纤维、复合材料、塑料等，如图1-59和图1-60所示。

图1-59　自然纤维材质封面

图1-60　麻材质封面和绢材质封面

2. 印刷油墨

印刷油墨是印刷的主要材料，没有油墨就不可能有印刷品。设计师不但要熟悉纸张，也要熟悉油墨。如果说纸张会制造意外的效果，油墨同样也能产生一些特殊效果。就平版印刷这一方式来说，油墨品种就很丰富，除了最基本的平版四原色油墨（图1-61）外，还有许多特殊品种，例如专色油墨金色、银色（图1-62和图1-63），PANTONE 基本色，磨砂油墨、珠光油墨、荧光油墨、仿金属油墨等。另外，还有各种光油用于印刷。目前，盛行 UV 光油系列，有胶版印刷光油、烫金光油、局部丝印上光油等，如图1-64 所示。

图 1-61　平版四色印刷

图 1-62　专色油墨（金色）封面

图 1-63　专色油墨

图 1-64　局部 UV 光油

3. 印前制作

印前制作指印刷前期的工作，是将初始设想转化为印刷品的程序。目前，数码桌面印刷系统已基本代替了传统印刷工艺，给设计和印刷工艺流程带来了巨大的变化。印前制作主要有图片处理、图形设计、版式设计、定稿制作等。

当设计完成后，印刷输出前需要作出如下设定。图片相关设置，即供印刷用的图片扫描、分色、分辨率及文件格式的设置。通常供印刷用的图片格式是 TIFF、EPS、PDF。文件的分辨率，彩色的图片不能低于300dpi，黑白的图片可略低于彩色图片，设定为 250dpi。色彩模式为 CMYK。如果印刷中使用了专色，还需要根据软件规范专色的设置。

4. 印刷分类

我国使用的印刷方法主要有四大类：凸版印刷、凹版印刷、平版印刷、丝网印刷。

（1）凸版印刷。

凸版印刷的印版，其印刷部分高于空白部分，而且所有印刷部分均在同一平面上。印刷时，在印刷部分敷以油墨。因空白部分低于印刷部分，所以不能附着油墨，然后使纸张等承印物与印版接触，并加以一定压力，使印版上印刷部分的油墨转印到纸张上而得到印刷成品。印刷成品的表面明显不平整，这是凸版印刷品的特征，如图1-65所示。

图1-65　凸版印刷品

（2）凹版印刷。

凹版印刷的印版，印刷部分低于空白部分，而凹陷程度又随图像的层次有深浅不同，图像层次越暗，其深度越深，空白部分则在同一平面上。印刷时，全版面涂布油墨后，用刮墨机械刮去平面上（即空白部分）的油墨，使油墨只保留在版面凹陷的印刷部分上，再在版面上放置吸墨力强的承印物，施以较大压力，使版面上印刷部分的油墨转移到承印物上，获得印刷品。因为版面上印刷部分凹陷的深浅不同，所以印刷部分的油墨量就不等，印刷成品上的油墨膜层厚度也不一致，油墨多的部分显得颜色较浓，油墨少的部分颜色较淡，因而可使图像有浓淡不等的色调层次，如图1-66所示。

图1-66　凹版印刷品

（3）平版印刷。

平版印刷的印版，印刷部分和空白部分无明显高低之分，几乎处于同一平面上。印刷部分通过感光方式或转移方式具有亲油性，空白部分通过化学处理具有亲水性。在印刷时，利用油水相斥的原理，首先将版面润湿，使空白部分吸附水分，再往版面滚上油墨，使印刷部分附着油墨，而空白部分因已吸附水，不能再吸附油墨，然后使承印物与印版直接或间接接触，加以适当压力，油墨移到承印物上成为印刷品。如图1-67所示即为平版印刷作品。

（4）丝网印刷。

丝网印刷是指用丝网作为版基，并通过感光制版，制成带有图文的丝网印版。丝网印刷由五大要素构成：丝网印版、刮板、油墨、印刷台以及承印物。丝网印刷利用丝网印版图文部分网孔可透过油墨，非图文部分网孔不能透过油墨的基本原理进行印刷。印刷时在丝网印版的一端倒入油墨，用刮板对丝网印版上的油墨部位施

图1-67　平版印刷作品

加一定压力，同时朝丝网印版另一端匀速移动，油墨在移动中被刮板从图文部分的网孔中挤压到承印物上。如图 1-68 所示即为丝网印刷制品。

图 1-68　丝网印刷作品

5. 印后加工

　　印刷方式除了以上常用的四种方式外，还有根据这四种方式演变的一些特殊形式，称为特种印刷工艺。有些印刷品的最终印刷效果是由特种印刷工艺来完成的。例如，书籍封面的局部电化铝、图形局部凹凸、护封覆膜等。设计师不仅应掌握一般的印刷原理，还应懂得印刷的特种工艺，只有如此才能创作出更具个性、更有魅力的版式设计作品。

　　上光或覆膜是印刷品表面印后处理的方法。常用于书籍封面、护封，其主要作用是增强封面和护封的质感、光泽和硬度，同时也提高封面和护封表面的防污、防潮、防晒、耐磨性能。一般上光方法有 UV 过油、涂布压光胶、UV 局部上光等。

　　版式设计者，除具备现代的审美观念、创新的思维意识和高超的设计技巧之外，还必须懂得印刷的基本规律，了解和掌握现代印刷技术的特点、工艺流程、印刷材料等，把书籍装帧设计与印刷工艺有机地结合起来，才能设计出精致美观的版式设计作品。

三、学习任务小结

　　通过本次任务的学习，同学们已经初步了解了版式印刷知识的内容。课后，请大家针对本次任务的内容进行归纳总结，完成相关的作业。

四、课后作业

　　每位同学各收集一个 4 开、8 开和 16 开的版式设计图书或画册，并将开本和版式设计结合起来进行分析，分析开本对版式设计中相关文字与图片的影响，并制作成 PPT 进行分享。

项目二
版式设计的构成与构图

学习任务 一

版式设计中点、线、面的运用

教学目标

（1）专业能力：掌握版式设计中点、线、面的运用方法和技巧。

（2）社会能力：能灵活运用点、线、面进行版式编排和设计。

（3）方法能力：具备资料的搜集能力、案例分析能力和设计创新能力。

学习目标

（1）知识目标：掌握版式设计中点、线、面的运用方法。

（2）技能目标：能在版式设计中合理地运用点、线、面。

（3）素质目标：具备一定的审美素质和抽象思维能力。

教学建议

1. 教师活动

教师通过展示版式设计中运用点、线、面元素的作品图片，提高学生对点、线、面抽象设计元素的认知，同时，讲解版式设计中点、线、面的运用方法和技巧。

2. 学生活动

学生认真学习和领会版式设计中点、线、面的运用方法和技巧。

一、学习问题导入

各位同学，大家好！本次任务我们来学习版式设计中的点、线、面的运用方法和技巧。我们要先理解点、线、面各自的作用和特点，以及它们之间的联系，然后分析点、线、面是如何运用到版式设计中的。

二、学习任务讲解

点、线、面是版式设计的重要构成要素。在版式设计中，一个字或者标点符号，都可以抽象理解成一个点，一行文字可以抽象理解成一条线，一段文字可以抽象理解成一个面，一张图片也可以看作一个面。因此，文字、图片等视觉元素都可以抽象理解成点、线、面。当我们对一张平面设计作品进行排版时，实际上处理的就是点、线、面的位置关系。

1. 点的作用

点在一个有限的版面里可以起到点缀和聚焦画面的作用。在版式设计中，点可以是图形、文字、标点符号或任何能使用点这个词来表达的元素。我们可以通过"点"赋予画面不同的效果，更好地协调版面中的各种关系，如图 2-1 所示。

图 2-1　点在版式设计中的灵活运用

（1）点的性格。

点给人的视觉感受是相对的，点的位置不同，或组合方式不同，会给人带来不同的心理感受。点的图形作用于人的视觉器官，通过视觉神经传入大脑后，经过思维，与以往的记忆及经验产生联想，从而形成一系列的心理反应。点在空间的位置会引起不同的心理反应，悬浮的点与下沉的点给人带来的心理感受是截然不同的，如图 2-2 所示。

① 点在画面中偏下位置：沉淀感、安静而低调，不容易被发现。

② 点在画面中偏上位置：符合人的阅读顺序，从上而下。

③ 点在画面居中的位置：平稳、稳定、聚焦，集中感强。

④ 黄金分割点：更能吸引人的注意，版式更具有构图形式感。

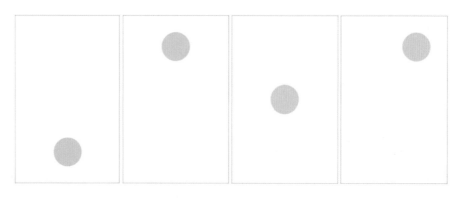

图 2-2　点在版面中的不同位置

（2）点的常见分布形式。

点不同的排列形式能够使版面产生不同的心理效应：点的有序构成产生律动的美；自由构成的点通过大小疏密变化，给人活泼、自由的感觉。掌握好点排列的位置、方向、形式、大小、数量变化以及空间分布，就可以呈现活泼、律动等不同的版面表现效果。如图 2-3 所示为点在版面中的排列方式。

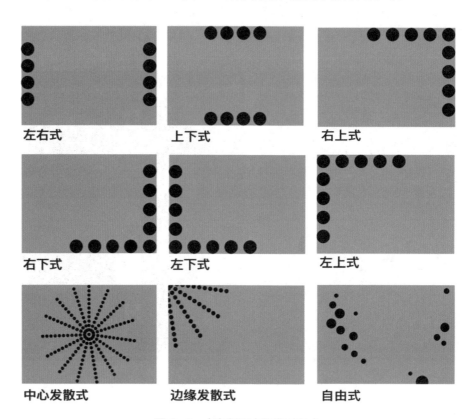

图 2-3　点在版面中的排列方式

① 左右式和上下式：相对平稳，符合人们通常的阅读顺序，从左往右，从上而下。

② 右上式、右下式、左下式、左上式：集中排列并对齐，整体版面显得非常整齐清晰。

③ 发散式：发散的点起到了引导视觉中心点的作用。

④ 自由式：没有固定的规律，根据画面的整体感觉去排列。

把以上的排版形式运用在实际的版面排版中，可以形成较好的艺术效果，如图 2-4 所示。左图为边缘发散式构图，起到强调某一区域内容的作用；中间的图为左右式构图，给人一种稳定的感觉；右图为上下式构图，表现了画面平衡性。

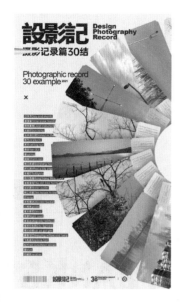
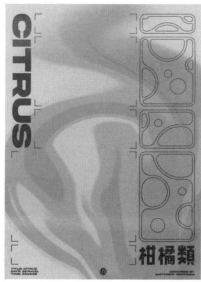
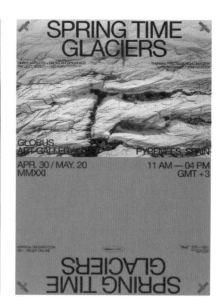

图 2-4　点在实际版式设计中的应用

2. 线的作用

线是点的发展和延伸。如图 2-5 所示，当点以一定轨迹运动的时候，点就转换成了线。线可以用来分割设计元素，将版面划分成不同的信息区块，方便用户阅读。线在版面构成中的形态十分复杂，有长有短，有粗有细，有虚有实，也有空间中的视觉流动线。线还起到版面骨骼的作用，能够撑起版面。

如图 2-6 所示，左图的线营造出线动成面的效果，看起来像是建筑的一个面，支撑着整个版面，整齐地排列在一起，有粗有细，有高有低，产生空间感，非常有节奏，同时也让观赏者聚焦到了上面白色的英文字母；右图的线为图中乐器的琴弦，既支撑着画面，又起到了连接上下的作用。如图 2-7 所示，图中的线被看作面条，线条优美生动，版式简洁直接。

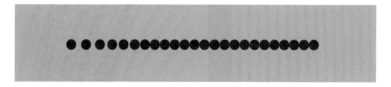

图 2-5　线是点的延伸

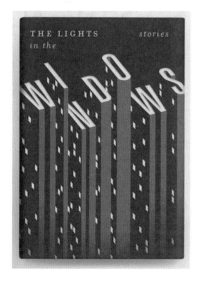

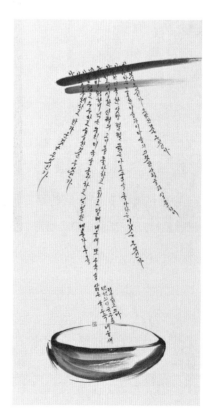

图 2-6　线的支撑作用

图 2-7　视觉流动线

（1）线的性格。

线的形式可以是几何中的线条，也可以是一段文字或者很多点组合而成的线段。线具有位置、长度、宽度、方向、形状等属性。每一种线都有其独特的个性与情感，因此，想要把线运用得巧妙，首先要了解线的性格，根据不同的内容选择不同性格的线来表现。

① 垂直方向的线：富于生命力、力度感和伸展感，使人联想到高耸的楼房、树木等，令人产生蓬勃向上、庄严、挺拔的感觉，如图 2-8 所示。

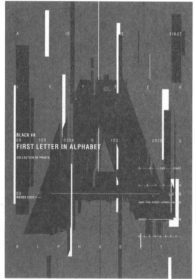

图 2-8　垂直方向的线

② 水平方向的线：具有稳定感、平静感，给人一种开阔、平和、永无止境的印象，但缺点是略显呆板，如图 2-9 所示。

③ 斜线：充满运动感，动态和方向感较强，从力学的角度来看，斜线打破了空间的平衡性，产生不安定因素，如图 2-10 所示。

④ 曲线：自由、潇洒、随意、优美，具有轻快、柔和、圆润、流动等造型特性，多用于表现优雅、流动的美感，如图 2-11 所示。

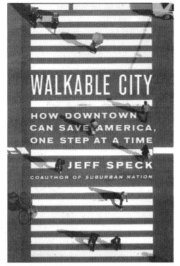

图 2-9　水平方向的线

图 2-10　斜线

图 2-11　曲线

（2）线的分割作用。

　　线可以用来分割和区别不同的信息，特别是在版面的信息比较多的时候，选择用线划分信息区域，有利于信息的梳理和提高阅读效率。但是在对版面进行分割的时候，要注意版面中各元素之间的联系，分清版面中的主次关系，以保证良好的阅读秩序感，如图2-12所示。

图 2-12　线的分割作用

（3）线的装饰作用。

　　线条能起到点缀、装饰版面的作用，在版面中添加适当的线条装饰，能使整个版面的层次感得到提升，并富有韵律感，视觉上更加丰富，增加版面的精致度，如图2-13所示。

图 2-13　线的装饰作用

3. 面的作用

　　面是点和线的集聚，也可以看成是一个图形。面可以分成几何形和自由形两大类，在进行版式设计时，要把握面的整体和谐。如图2-14所示，左图白色的帘子可看作一个面，中间的图每一把雨伞都可看作一个面，右图的图片和下方的色块是一个面。三幅图的共同点是信息突出，让人一眼就能获取重要信息。

图 2-14　面的作用

4. 点、线、面之间的关系

在版式设计中点、线、面是有机统一的，点构成线，线构成面。一个版面中，图片和文字可以根据其大小、形状构成版面上的点、线、面，如图 2-15 所示。

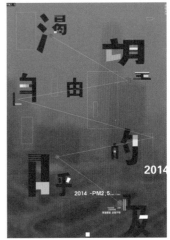

图 2-15　点、线、面的结合

三、学习任务小结

在版式设计中最重要的就是突出版面中的有效信息，版式设计要做到层级信息分明，让人阅读起来不费劲。版面的装饰需要将文字、图形、色彩通过点、线、面进行组合与排列，并采用夸张、比喻、象征等的手法来表现视觉效果。

四、课后作业

（1）每位同学分别收集点、线、面的版式设计作品各 3 张。

（2）结合点、线、面的知识，运用平面软件制作一张海报。

学习任务 二

版面构图

教学目标

（1）专业能力：掌握版式设计中版面的构图形式。

（2）社会能力：具备一定的版面构图编排能力和审美能力。

（3）方法能力：具备资料的搜集能力、案例分析能力和设计创新能力。

学习目标

（1）知识目标：掌握版面构图的类型和应用技巧。

（2）技能目标：能结合版式设计的需求进行版面构图设计。

（3）素质目标：具备一定的艺术审美能力和抽象思维能力。

教学建议

1. 教师活动

教师讲解版面构图的类型和应用技巧。

2. 学生活动

学生认真听教师讲解版面构图的类型和应用技巧，并思考版面的创新设计。

一、学习问题导入

各位同学，大家好！本次任务我们来学习版面的构图形式。版式设计的构图形式大致可以分为左右构图、对称构图、三角构图、斜线构图、曲线构图、中心构图、点状构图、压住四角的构图、铺满构图 9 种构图形式，每一种构图形式都有其特点和作用。

二、学习任务讲解

构图是版式设计的重要内容，构图的本质就是合理地组织画面元素，让版式设计更加美观。构图的形式主要有以下几种。

1. 左右构图

左右构图是指左边图形右边文字，或者左边文字右边图形的构图形式。这种构图版面中，文字往往以居左或者居右的方式放置在版面中，左右构图常用于画册、杂志内页、报纸等的排版，如图 2-16 所示。

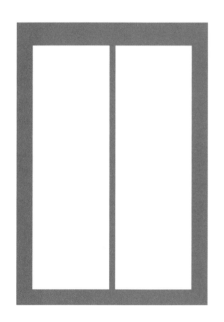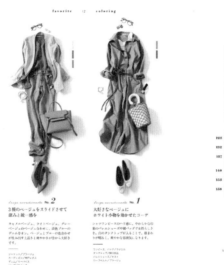

图 2-16　左右构图

2. 对称构图

对称构图分为上下对称和左右对称，是把版面一分为二的构图形式。对称构图的两个部分具有一致性，给人平衡、稳定的感觉，如图 2-17 所示。

3. 三角构图

三角构图是指画面中的主体以三角形的形状放置在版面中的构图形式。三角形本身具有稳定性，所以三角形构图的版式给人以稳定、庄重的感觉，如图 2-18 所示。

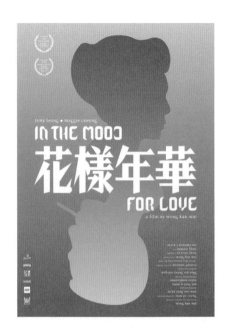

图 2-17　对称构图

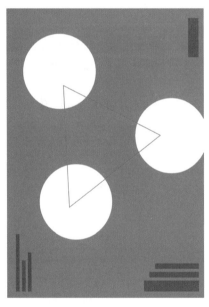

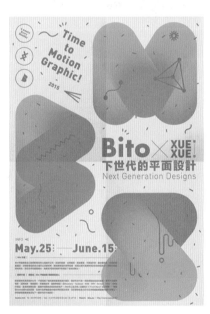

图 2-18　三角构图

4. 斜线构图

斜线构图又称倾斜构图，是将文字或者主体物以倾斜的方式放置在版面中的构图形式。倾斜的角度产生动势，具有引导视线的作用，能优化视觉层级，清晰地传递信息，如图 2-19 所示。

5. 曲线构图

曲线构图是指版面中重要元素呈曲线排列，其他元素填充剩余空间的构图形式。这种构图可以让画面更加灵活、多变，如图 2-20 所示。

6. 中心构图

中心构图是指将画面的主要元素放在版面中轴线上的构图形式。其目的是快速吸引读者眼球，占据视觉中心点，给人以简洁、利落的视觉感受，如图 2-21 所示。

图 2-19　斜线构图

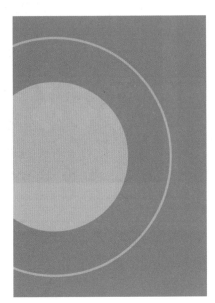

图 2-20　曲线构图

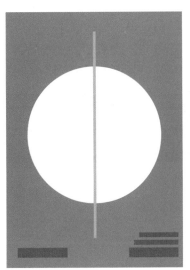

图 2-21　中心构图

7. 点状构图

点状构图是指在编排文字和图形时拉开距离，将文字和图形在版面上转化为点元素的构图形式。在这种构图中，文字的纵向距离要大于横向距离，否则容易误导阅读顺序，如图 2-22 所示。

8. 压住四角的构图

压住四角的构图适用于标题字数较少的版式设计，标题作为绝对重要的元素放置在画面的四个角，一眼就能被看到，如图 2-23 所示。

图 2-22　点状构图

图 2-23　压住四角的构图

9. 铺满构图

铺满构图是指用高清图片占据整个版面的构图形式。这种构图给人以饱满、充实的感觉。在铺满构图中，画面常常胜过文字成为主角，营造了氛围，传递的情感也更加丰富，如图 2-24 所示。

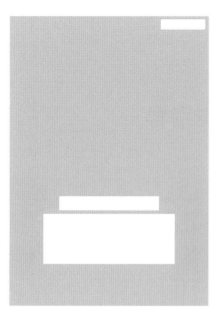

图 2-24　铺满构图

三、学习任务小结

　　版式设计需要将有限的视觉元素通过合适的构图形式进行巧妙的排列组合，使得版面传达的信息更加清晰明了，更有条理性。上述 9 种构图形式各有优缺点，同学们要活学活用，用合适的构图形式美化版面。

四、课后作业

　　选一种合适的构图方式，以"音乐节"为主题设计一张海报，A4 纸大小，分辨率为 300dpi。

版式设计中的视觉引导

教学目标

（1）专业能力：理解视觉引导的概念和设计手法。

（2）社会能力：能仔细观察生活中各种与版面构图有关的影像和平面设计作品，并能从中提取设计元素。

（3）方法能力：具备设计思维能力和设计创新能力。

学习目标

（1）知识目标：了解视觉引导的概念和表现手段。

（2）技能目标：能在版式编排设计中有效引导用户的视觉流线，增强其对特定内容的关注度和记忆度。

（3）素质目标：具备一定的独立思考能力和艺术审美能力。

教学建议

1. 教师活动

教师讲解视觉引导的概念和表现手段。

2. 学生活动

学生认真听教师讲解视觉引导的概念和表现手段，并尝试进行视觉引导的版面设计实训。

一、学习问题导入

版式设计作为视觉传达设计的一种类型，不仅要选择合适的信息内容和设计元素，而且还必须充分考虑到目标受众的视知觉接受程度，并以此来组织画面的设计元素，引导受众的视觉走向，增强其对特定内容的关注度和记忆度，如图 2-25 和图 2-26 所示。

图 2-25　平面广告版式设计 1

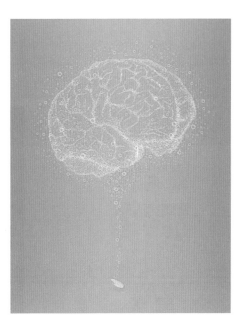

图 2-26　平面广告版式设计 2

二、学习任务讲解

视觉引导是对平面设计元素进行组织安排的一种方法和手段，包括单向视觉引导、曲线视觉引导、重心视觉引导、反复视觉引导、导向视觉引导和散点视觉引导 6 种方式。视觉引导在版式设计中呈现两种思想倾向：一是侧重感性判断，即从视觉审美的角度，凭借个人的直觉来确定版式设计中的视觉引导方式；二是侧重理性分析，认为有效的视觉引导应当建立在严格的数学与几何分析的基础之上，由此才能带来理想的信息传播效果，如图 2-27 和图 2-28 所示。

图 2-27　侧重感性的版式设计

图 2-28　侧重理性的版式设计

1. 单向视觉引导

单向视觉引导遵循线性视觉的规律，按照直线的平面布局结构来组织安排各种设计元素，从而使版面的流线更为简明，直接表达主题内容，呈现出简洁而强烈的视觉效果。单向视觉引导又包括竖向视觉引导、横向视觉引导和斜向视觉引导三种形式。

① 竖向视觉引导是从上至下安排设计元素，给人以坚定、直观的视觉与心理感受，如图 2-29 所示。

② 横向视觉引导是从左至右安排设计元素，给人稳重、恬静、庄重的感觉，如图 2-30 所示。

③ 斜向视觉引导是按照对角线、倾斜线的方式安排设计元素，以不稳定的动态吸引人的注意力，如图 2-31 所示。

图 2-29　竖向视觉引导

图 2-30　横向视觉引导

图 2-31　斜线视觉引导

2. 曲线视觉引导

曲线视觉引导是按照弧线或回旋线的方式组织版面的设计元素，给人流畅、跃动的视觉感受，使人在轻松的视觉与心理体验过程中，形成特定的视觉运动，从而便于读者理解潜在内容。曲线视觉引导给视觉带来强烈的扩张感、方向感和韵律感，让版面的形式感更强，营造出一种轻松、随意的情境和氛围，提高了版面设计的效果，如图 2-32 和图 2-33 所示。

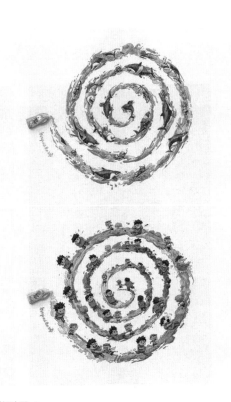

图 2-32　曲线视觉引导 1

图 2-33　曲线视觉引导 2

3. 重心视觉引导

重心视觉引导是指以独特的形象或文字独居版面的某个位置，甚至充满整个版面，由此在整个版面中形成一个鲜明的视觉重心，吸引观者的注意力的视觉引导方式。如图 2-34 所示即为运用重心视觉引导的设计作品。

4. 反复视觉引导

反复视觉引导是以相同或相似的序列反复排列某一设计元素，形成连续性的画面形象的视觉引导方式。这种方式的视觉引导给人以安定、整齐的视觉感受，如图 2-35 所示。

图 2-34　重心视觉引导

图 2-35　反复视觉引导

重心视觉引导是指以独特的形象或文字独居版面的某个位置，甚至充满整个版面，由此在整个版面中形成一个鲜明的视觉重心，吸引观者的注意力的视觉引导方式。如图 2-34 所示即为运用重心视觉引导的设计作品。

5. 导向视觉引导

导向视觉引导是指通过诱导性、关联性、指向性的视觉元素，让观者在内心兴趣、逻辑推理的作用下，不自觉地呈现出一定方向性的视觉引导方式。比如画面中人物的手势导向、身姿导向以及动势导向等，都能够产生鲜明的导向视觉引导效果，如图 2-36 所示。

6. 散点视觉引导

散点视觉引导是分散处理各种设计元素，既没有明显的视觉引导特征，也没有鲜明的视觉重心，使观者的视线作上下、左右移动，呈现自由性、随机性与偶合性特征的视觉引导方式。散点视觉引导有意违反秩序，打破规律，突破常规视觉引导技巧的单调性，使少数、个别要素变得更加突出，如图 2-37 所示。

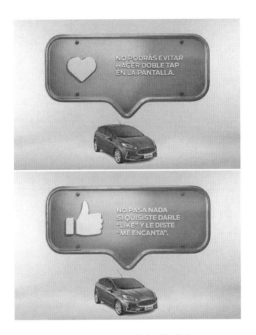

图 2-36　导向视觉引导

图 2-37　散点视觉引导

三、学习任务小结

视觉引导的重要性在于通过图形、色彩、文字等要素与心理情感的影响，来对观者的视觉搜索路线进行引导。一般情况下，视觉引导都是按左到右、从上到下顺序进行的。版式设计者要通过画面平衡、动向、对比等设计原则与视觉重点的建立来引导观者的视线移动方式，从而达到有效传递信息的目的。

四、课后作业

用视觉引导的方法，完成一幅海报设计作品。

项目三
信息图表设计

学习任务 一

数据可视化

教学目标

（1）专业能力：了解数据可视化的概念；能根据不同类型的数据，选择适合的图表对数据进行视觉表现，将抽象的数据转化为可见的图形符号。

（2）社会能力：具备一定的数据整合与分析能力。

（3）方法能力：具备设计思维能力，数据提炼及应用能力。

学习目标

（1）知识目标：了解数据可视化的概念，以及各种典型的数据图表的形式。

（2）技能目标：能根据不同类型的数据，选择适合的图表对数据进行视觉表现，将抽象的数据转化为可见的图形符号。

（3）素质目标：养成用眼观察、用心感受、记忆、分析的习惯，能独立思考，具备一定的审美能力与视觉语言表达能力。

教学建议

1. 教师活动

（1）教师讲解数据可视化的概念。

（2）通过对应的信息图表实例的应用场景、设计建议的分析，丰富学生对信息图表的基本知识储备。

2. 学生活动

（1）了解数据可视化的概念，通过自主收集优秀的信息图表设计案例，分析其中的设计技巧和应用场景。

（2）完成将抽象数据转化为具象图表的练习，构建学生自主学习、独立思考、自我管理的教学模式和评价模式，以学生为中心。

一、学习问题导入

图表是数据可视化的常用表现形式，是对数据的二次加工，可以帮助我们理解数据、洞悉数据背后的真相，让我们更好地适应这个数据驱动的世界。在工作汇报、产品设计、后台设计以及数据大屏中，我们都能看到数据图表。如图3-1所示即为一份数据图表。

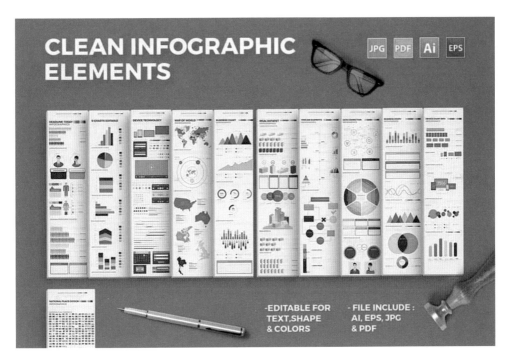

图 3-1 数据图表

二、学习任务讲解

1. 数据可视化的概念

数据可视化是一种以直观图形描绘密集和复杂信息的表现形式，将不可见的数据转化为可见的图形符号，从中发现规律和特征，以获取更多的信息和价值。通俗一点来说，数据可视化图表可帮助用户更好地看懂数据，如图3-2所示。

简洁直观
Simple and intuitive
一张图可能对标一个复杂
庞大的数据表格

容易理解和记忆
Better understand and remember
人类右脑记忆图表的速度
比左脑记忆抽象的文字快
100万倍

传递信息更丰富
Deliver more information
让数据"说话"，传递比
较、构成、分布、规律等
有价值的信息

图 3-2 数据可视化

2. 数据可视化图表的构成

（1）标题：图表内容概述，让用户获取有意义的信息。

（2）切换选项：可以是 Tab 类的切换，也可以是下拉选择，根据具体场景设计，用于同类型图表的切换。

（3）提示信息：多为 hover 或者选择状态，对选择的位置数据进行详细展示。

（4）图例：通常在图形主题的右侧或顶部，用来区分不同类别代表的数据含义。

（5）图形主体：由选择的图表类型决定，有时也会组合使用多个图表类型。

（6）值域：当屏幕不足以容纳图形，选择可视范围的工具，当图表足够复杂时会用到值域。

（7）坐标轴：由 X 轴、Y 轴、标识线、轴标题构成。一般场景中，坐标轴是图表中必须存在的元素之一。

数据可视化图表的构成如图 3-3 所示。

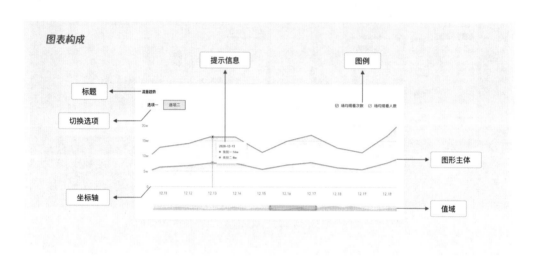

图 3-3　数据可视化图表的构成

3. 数据可视化设计流程

在选择图表之前，设计师首先要确立业务目标。其次，确立指标分析维度。然后，选择可视化图表类型进行设计。数据可视化设计流程如图 3-4 所示。下面介绍其中的两个步骤。

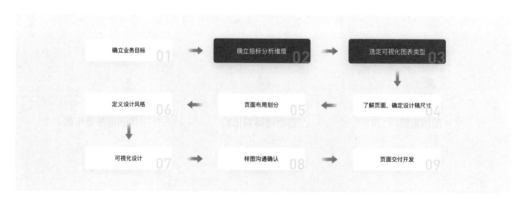

图 3-4　数据可视化设计流程

（1）确立指标分析维度。

指标分析维度是指图表数据想要传递给观看者什么样的信息，是想表达数据间的对比、构成、占比，还是分布在同一个指标的数据，从不同维度分析就会有不同的结果，如图 3-5 所示。

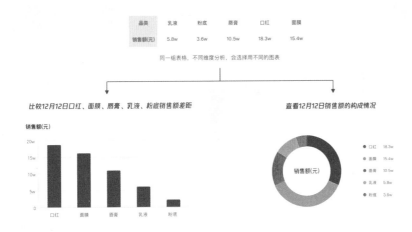

图 3-5 可视化分析维度

（2）选定可视化图表类型。

可视化图表类型的选择要结合实际项目，把图表简化，大致分为比较、构成、分布与联系三大类，如图 3-6 所示。

图 3-6 可视化图表类型

① 比较类图表。

可视化的方法显示值与值之间的不同和相似之处。使用图形的长度、宽度、位置、面积、角度和颜色来比较数值的大小，通常用于展示不同分类间的数值对比、不同时间点的数据对比，如图 3-7 所示。

图 3-7 比较类图表

a. 柱状图。

柱状图用于描述分类数据之间的对比，是一种以长方形的长度为变量的统计图表，有且仅有一个变量。其中一个轴表示需要对比的分类维度，另一个轴代表相应的数值。柱状图适用于描述分类数据（大小、数值）之间的对比，如图 3-8 ~ 图 3-11 所示。

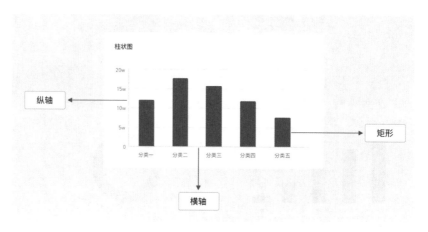

图 3-8　柱状图 1

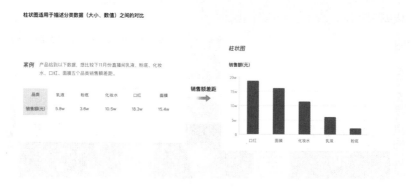

图 3-9　柱状图 2

图 3-10　柱状图 3

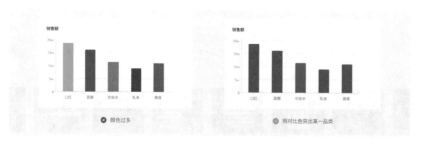

图 3-11　柱状图 4

柱状图设计建议如下。

第一，矩形间距推荐使用 1/2 ~ 1 倍矩形宽度，边距推荐使用 1/4 倍矩形宽度，这是可以参考的参数，具体情况具体分析。

第二，在同一图表中，一般情况下长方形选用同一色系，如果需要强调某个数据，可以尝试使用对比色突出强调内容。

第三，矩形数量应控制在 12 条以内，分类太多建议使用横向柱状图，如图 3-12 所示。

第四，不推荐使用全圆角，因为可能会导致数据读取出现歧义，如图 3-13 所示。

b. 横向柱状图。

横向柱状图又称条形图，和柱状图相似，只是交换了 X 轴和 Y 轴，用于描述分类数据之间的对比。当图表条目较多，比如大于 12 条时，更适合用条形图，也常用于 top 排行或分类名称较长的情况，如图 3-14 和图 3-15 所示。

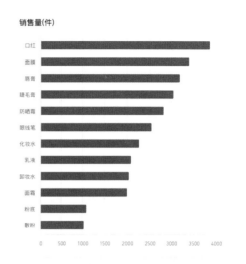

图 3-12　柱状图的数量控制

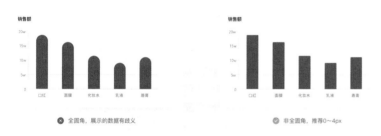

图 3-13　少用圆角

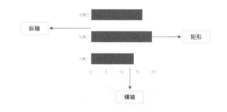

图 3-14　横向柱状图 1

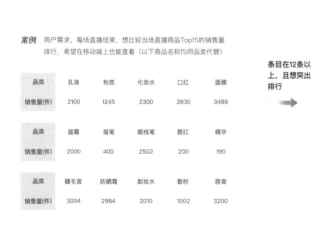

案例　用户需求，每场直播结束，想比较当场直播商品Top15的销售量排行，希望在移动端上也能查看（以下商品名称均用品类代替）

品类	乳液	粉底	化妆水	口红	面膜
销售量(件)	2100	1245	2300	3930	3489

品类	面霜	眉笔	眼线笔	腮红	精华
销售量(件)	2000	400	2502	200	190

品类	睫毛膏	防晒霜	卸妆水	散粉	唇膏
销售量(件)	3004	2984	2010	1002	3200

条目在12条以上，且想突出排行

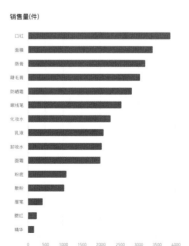

图 3-15　横向柱状图 2

横向柱状图设计建议如下。

第一，矩形按逻辑顺序排列，Y 轴标签建议右对齐。

第二，当维度名称较长时，在横向柱状图的空间下可以展示更多的文字标签。

第三，数量一般不超过 30 条，否则易带来视觉和记忆负担。

横向柱状图设计如图 3-16 和图 3-17 所示。

分类情况过多时，柱状图的文本为了排布合理，需要进行旋转，不利于阅读，相比于纵向柱状图，横向柱状图更适用于此类分类较多的场景。

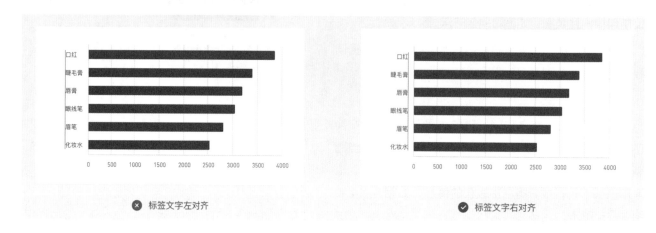

图 3-16　横向柱状图设计 1

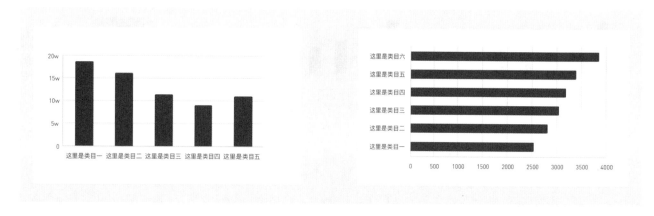

图 3-17　横向柱状图设计 2

c. 双向条形图。

双向条形图又称为正负条形图，使用正向和反向的柱子显示类别之间的数值比较。其中分类轴表示需要对比的分类维度，连续轴代表相应的数值。其分为两种情况：一种是正向刻度值与反向刻度值完全对称；另一种是正向刻度值与反向刻度值反向对称，即互为相反数，如图 3-18 所示。双向条形图和柱状图相似，最明显的区别是有正反数据的区分，更加强调对比性，适用于两组以上分类数据比较，常见于收入和支出，如图 3-19 所示。

双向条形图设计建议：对比状态要足够明显，建议使用面性 / 线性对比或者对比色对比，如图 3-20 所示。

| | 图 3-18 双向条形图 1 | | 图 3-19 双向条形图 2 |

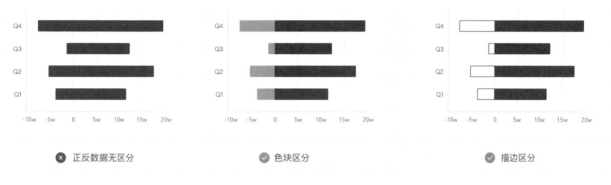

| ✕ 正反数据无区分 | ✓ 色块区分 | ✓ 描边区分 |

图 3-20 双向条形图 3

d. 子弹图。

该类信息图的样子很像子弹射出后形成的轨道，所以称为子弹图。其无修饰的线性表达方式使我们能够在狭小的空间中表达丰富的数据信息，线性的信息表达方式与我们习以为常的文字阅读相似，相对于圆形构图的信息表达，在信息传递上有更大的效能优势，如图 3-21 所示。子弹图可以很好地对比分类数据的数值大小以及是否达标，如图 3-22 所示。

子弹图设计建议：可以通过标记刻度区间来更好地评估，如图 3-23 所示。

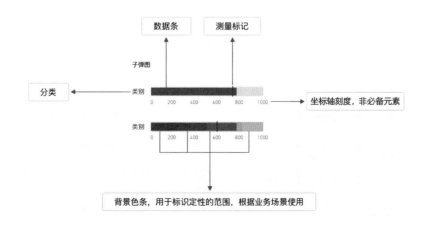

图 3-21 子弹图 1

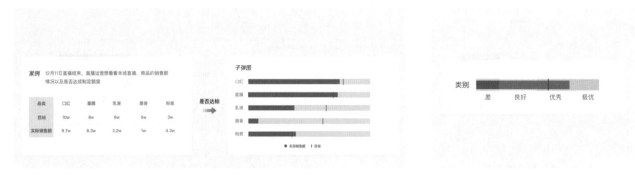

图 3-22　子弹图 2				图 3-23　子弹图 3	

e. 折线图。

折线图是 B 端产品中常用到的图表之一，又称为趋势图。折线图用于显示数据在一个连续的时间间隔或者时间跨度上的变化，它的特点是反映事物随时间或有序类别而变化的趋势，如图 3-24 所示。图表横轴为连续类别（如时间）且注重变化趋势时，适合用折线图，如图 3-25 所示。

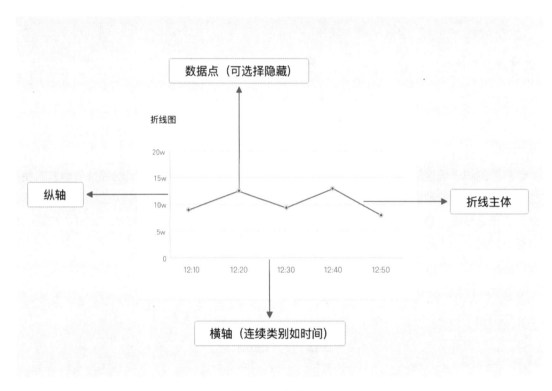

图 3-24　折线图 1

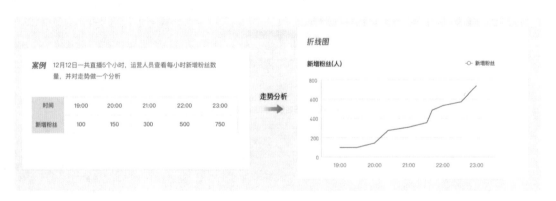

图 3-25　折线图 2

折线图设计建议如下。

第一，横轴需表示连续数值，否则折线图意义不大，如图 3-26 所示。

第二，在使用折线图时，不建议在曲线下方着色，曲线下方着色容易让人联想到面积图，有时为了视觉辅助加成，可以在下面添加微渐变，如图 3-27 所示。

第三，同一图表内同时展示的折线数量不宜超过 4 个，太多可以分开列表展示，如图 3-28 所示。

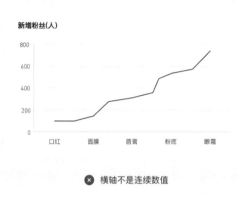 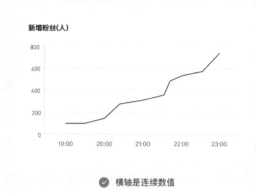

图 3-26　折线图 3

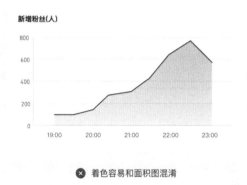 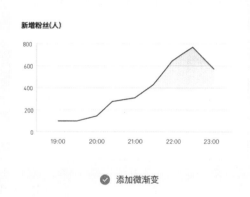

图 3-27　折线图 4

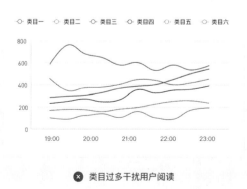 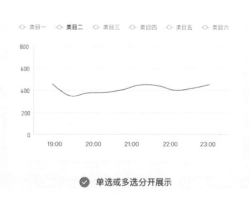

图 3-28　折线图 5

第四，为了视觉美观，可以将折线转换成平滑曲线，如图 3-29 所示。

f. 面积图。

面积图又叫区域图，是在折线图的基础上形成的。它将折线图中的折线与自变量坐标轴之间的区域使用颜色或者纹理填充，需要注意的是颜色要带有一定的透明度。这样的填充区域称作面积，可以更好地突出趋势信息。面积图和折线图一样，用于强调数量随时间而变化的程度，常用于表现趋势和关系，而不是传达特定的值，如图 3-30 所示。面积图注重随时间的变化趋势和累计的值，和折线图相比，面积图不仅能展示趋势，还能展示累计的值，如图 3-31 所示。

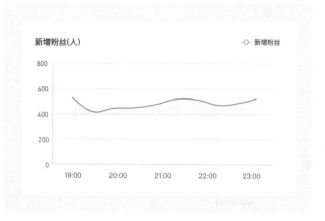

图 3-29　折线图 6

面积图设计建议：面积图和折线图类似，不同点是折线下方一定会有着色，面积区域颜色需设置不透明度，如图 3-32 所示。

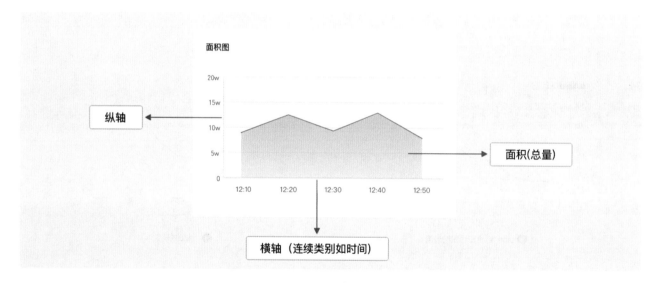

图 3-30　面积图 1

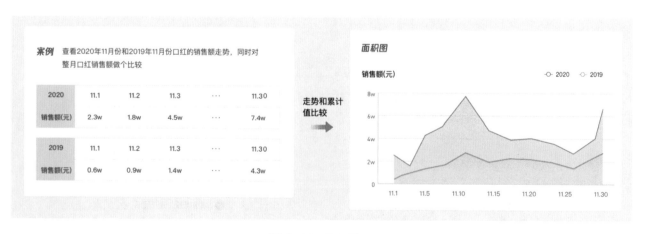

图 3-31　面积图 2

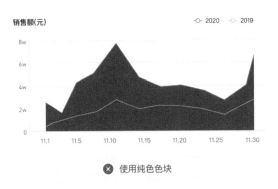

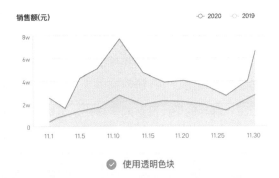

图 3-32　面积图 3

g. 漏斗图。

随着流程的推进，每个环节的数量在减少，整个过程像漏斗一样逐步流失，这种图表被称为漏斗图。漏斗图适用于业务流程比较规范、周期长、环节多的单流程单向分析，通过漏斗各环节业务数据的比较能够直观地发现问题所在的环节，进而做出决策，如图 3-33 所示。漏斗图从上到下有逻辑上的顺序关系，表现了随着业务流程的推进业务目标完成的情况，适用于流程流量分析，如图 3-34 所示。

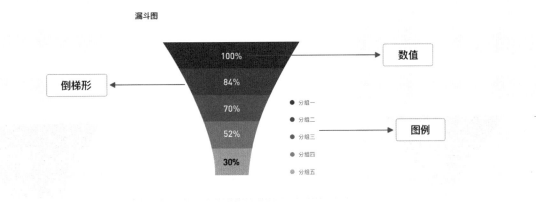

图 3-33　漏斗图 1

图 3-34　漏斗图 2

漏斗图设计建议如下。

第一，漏斗图总是开始于一个 100% 的数量，结束于一个较小的数量，所以在设计时，图形面积是逐步变小的。

第二，不同的环节要用不同的颜色或者同一种颜色的不同透明度进行区分，帮助用户更好地区分各个环节之间的差异，如图 3-35 所示。

第三，漏斗的设计没有固定样式，可根据实际业务调整。图 3-36 提供了几个漏斗图样式供大家参考。

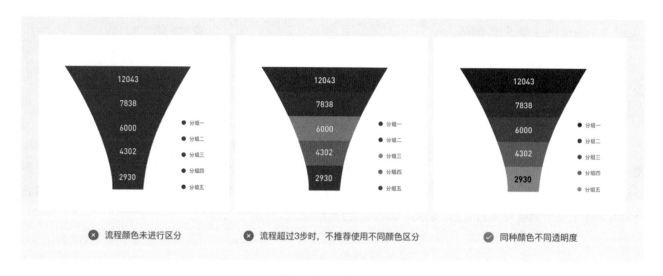

图 3-35　漏斗图 3

图 3-36　漏斗图 4

h. 雷达图。

雷达图又叫戴布拉图、蜘蛛网图，常出现在游戏或者动漫人物属性介绍中，它将多个维度的数据量映射到坐标轴上，在坐标轴设置恰当的情况下，雷达图所围面积能表现出一些信息量。在 B 端产品中，一般会将多个坐标轴都统一成一个度量，比如统一成分数、百分比等，这样这个图就成了一个二维图，这也是常用的一种雷达图，如图 3-37 所示。雷达图常用于表现多维的性能数据，如综合评分，也可用于多组的多维度对比，如图 3-38 所示。

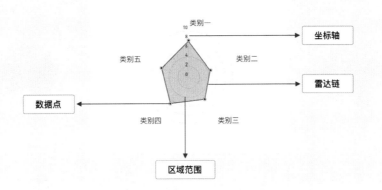

图 3-37　雷达图 1

案例　7场直播数据，从五个维度进行综合诊断，结合平台大盘数据，让用户对直播间状态有个大致了解

我的直播间

维度	开播	成交	转粉	流量	观看
人数	40	60	54	60	70

平台数据大盘

维度	开播	成交	转粉	流量	观看
人数	80	90	60	50	60

多维数据

图 3-38　雷达图 2

雷达图设计建议如下。

第一，坐标轴可以是圆形或是多边形，具体可根据整体页面进行调整，如图 3-39 所示。

第二，不同数值之间需要用不同颜色或者相同颜色不同透明度区分，如图 3-40 所示。

图 3-39　雷达图 3

⊗ 颜色未进行区分，不易识别　　　　　　　　　　　　　　　⊘ 颜色区分

图 3-40　雷达图 4

i. 南丁格尔玫瑰图（Nightingale Rose Chart）。

　　南丁格尔玫瑰图又名鸡冠花图、极坐标区域图。该图是南丁格尔在克里米亚战争期间提交一份关于士兵死伤的报告时发明的一种图表，用于表达军医院季节性的死亡率，以引起当时的高层注意。南丁格尔玫瑰图是在极坐标下绘制的柱状图，使用圆弧的半径长短表示数据的大小（数量的多少），如图 3-41 所示。由于半径和面积的关系是平方的关系，南丁格尔玫瑰图会将数据的比例大小夸大，尤其适合对比分类数据的数值大小，如图 3-42 所示。

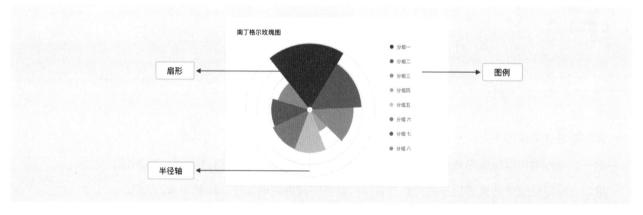

图 3-41　南丁格尔玫瑰图 1

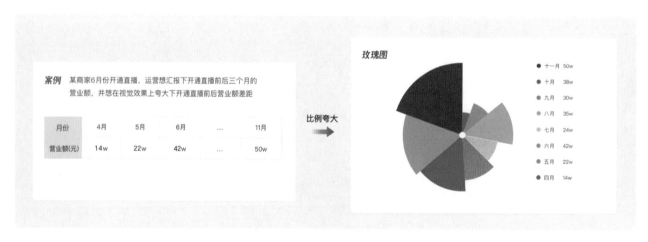

图 3-42　南丁格尔玫瑰图 2

南丁格尔玫瑰图设计建议如下。

第一，需要用不同数值颜色进行区分。

第二，不适用于分类过少的场景，或者部分分类数值过小的场景，最多不超过30条数据，如图3-43所示。

② 构成类图表。

构成类图表是运用可视化的方法显示同一维度上占比和构成关系的图表，如图3-44所示。

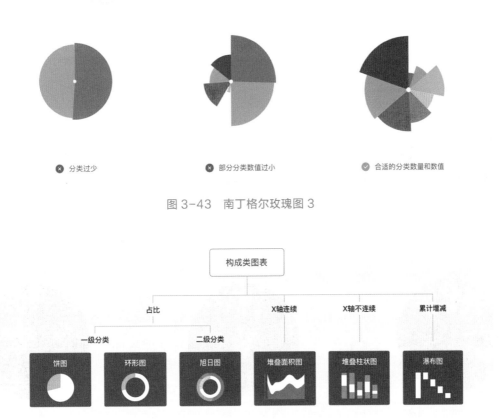

图 3-43　南丁格尔玫瑰图 3

图 3-44　构成类图表

a. 饼状图。

饼状图通过扇形区块的面积、弧度和颜色等视觉标记，表示不同分类的占比情况。整个圆饼代表数据的总和，每个区块（圆弧）表示该分类占总体的比例，如图3-45所示。饼状图表示不同分类的占比情况，代表数据的综合，如图3-46所示。

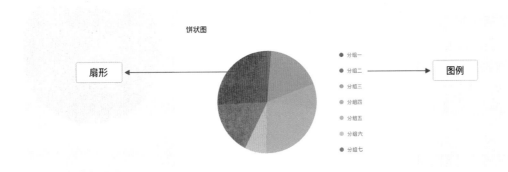

图 3-45　饼状图 1

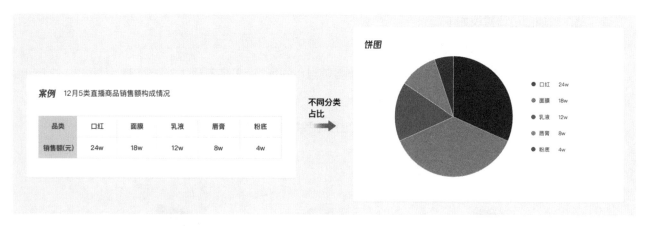

图 3-46　饼状图 2

饼状图设计建议如下。

第一，饼状图需要 2 组以上分类数据，但最多不超过 10 个，分组过多很难清晰对比各数据的占比。

第二，分类占比差别不明显时，建议使用柱状图。

第三，当空间足够时，图例可以在扇形内，或者靠近扇形。

饼状图如图 3-47 和图 3-48 所示。

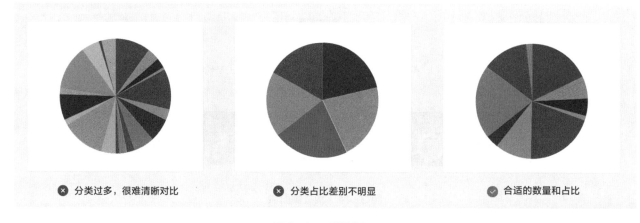

❌ 分类过多，很难清晰对比　　　❌ 分类占比差别不明显　　　✅ 合适的数量和占比

图 3-47　饼状图 3

b. 旭日图。

旭日图是将图目进一步分类，适合展示多层级数据的占比关系，能表达清晰的层级和归属关系，以父子层次结构来显示数据构成情况。离圆心越近，代表的层级越高，下一层级的总和构成上一层级。旭日图可以更细分溯源分析数据，真正了解数据的具体构成，如图 3-49 所示。旭日图适合展示多层级数据的占比关系，如图 3-50所示。

旭日图设计建议：旭日图等于多张饼状图，所以饼状图的设计也适用于旭日图，如图 3-51所示。

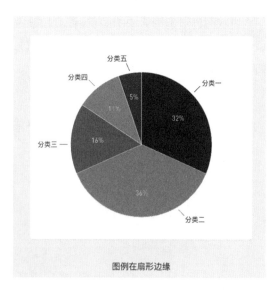

图 3-48　饼状图 4

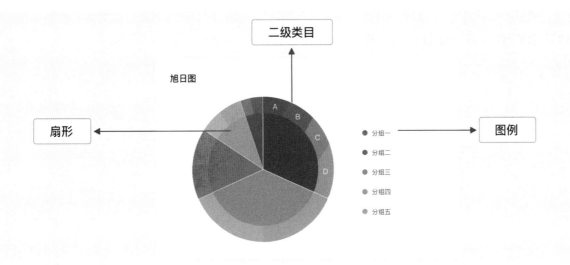

图 3-49 旭日图1

案例 12月直播商品销售额构成情况，以及四个品牌的口红的销售额
构成

品类	口红	面膜	乳液	唇膏	粉底
销售额(元)	24w	18w	12w	8w	4w

口红	A	B	C	D
销售额(元)	4w	5w	6w	9w

图 3-50 旭日图2

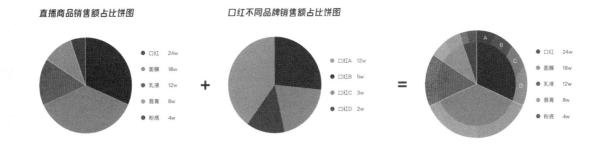

图 3-51 旭日图3

c. 环形图。

环形图又称甜甜圈图，其本质是将饼状图中间区域挖空形成的图形。相较于饼状图关注面积占比情况，环形图更关注角度和弧长的对比，如图 3-52 所示。环形图和饼状图一样，用来对比分类数据的数值大小，当同一页面有多组数据需要进行对比时，建议使用环形图，如图 3-53 所示。

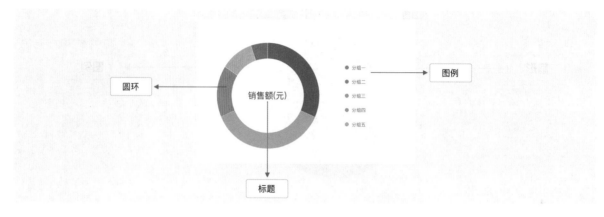

图 3-52　环形图 1

图 3-53　环形图 2

d. 堆叠面积图。

堆叠面积图和面积图一样，唯一的区别就是除了表达趋势外，堆叠面积图也表达总量和分量的构成情况以及部分与整体的关系，如图 3-54 所示。堆叠面积图可以优先对比每个分组数据变化的趋势，其次表达总量和分量的构成情况。

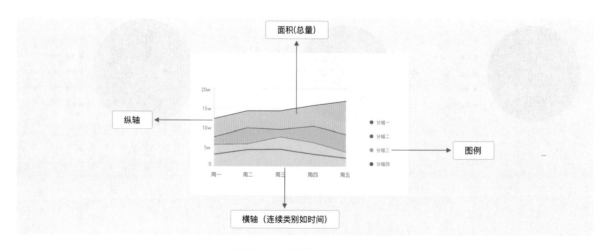

图 3-54　堆叠面积图示例

案例 商家想查看本周周一到周五五场直播，销售额总体趋势和四个类目销售额构成情况

品类	口红	面膜	乳液	唇膏
周一	5w	2.9w	2w	1.6w
周二	5.8w	3.9w	2.1w	1.8w
周三	5.7w	3.2w	3.1w	1.7w
周四	6.3w	3.8w	2.2w	1.4w
周五	6.9w	3.1w	1.7w	1.2w

总量和分量的构成 ➡

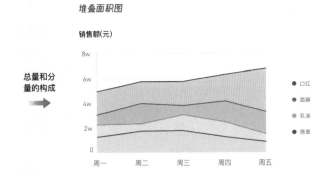

图 3-55　堆叠面积图错误示范未将面积堆叠

堆叠面积图设计建议如下。

第一，和折线图一样，横轴表示连续数值，否则意义不大，如图 3-56 所示。

第二，分类指标的纵轴起点，并不是从 0 开始，而是在上一个分类基础上叠加，如图 3-57 所示。

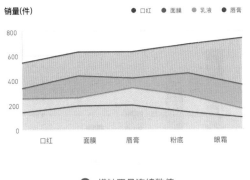

❌ 横轴不是连续数值

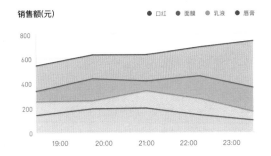

✅ 横轴是连续数值

图 3-56　堆叠面积图 1

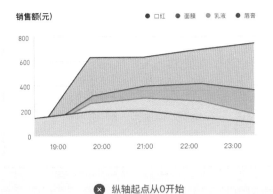

❌ 纵轴起点从0开始

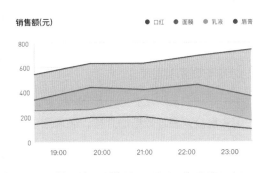

✅ 上一个分类基础上叠加

图 3-57　堆叠面积图 2

e. 堆叠柱状图（Stacked Bar Chart）。

堆叠柱状图是将每个柱子进行分割以显示相同类型下各个数据的大小情况。它可以形象地展示一个大分类包含的每个小分类的数据，以及各个小分类的占比，显示的是单个项目与整体之间的关系，如图 3-58 所示。堆叠柱状图适合表达一级分类的比较以及二级分类的占比构成，如图 3-59 所示。

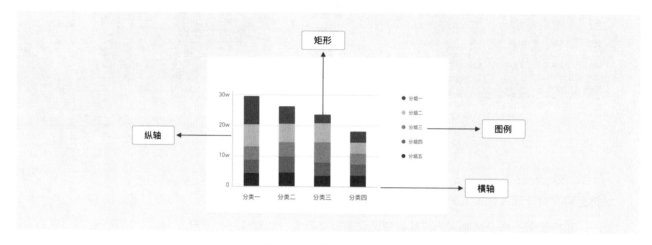

图 3-58　堆叠柱状图 1

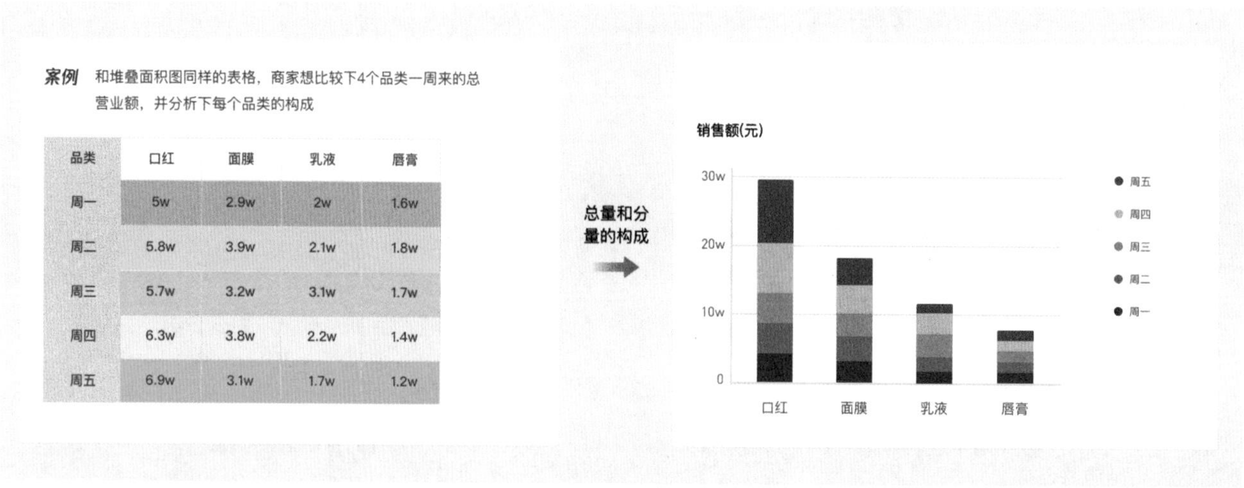

图 3-59　堆叠柱状图 2

堆叠柱状图设计建议如下。

第一，分类指标的纵轴起点是在上一个分类基础上叠加的。

第二，分类不超过 12 个，分组颜色不超过 6 个，若分类分组过多，数据识别度会相对降低，如图 3-60 所示。

③ 分布与联系类图表。

分布与联系类图表是利用可视化的方法显示频率，数据分散在一个区间或分组。使用图形的位置、大小、颜色的渐变程度来表现数据的分布，通常用于展示连续数据上数值的分布情况，如图 3-61 所示。

a. 散点图。

散点图也叫 X-Y 图，它将所有的数据以点的形式展现在直角坐标系上，以显示变量之间的相互影响程度，点的位置由变量的数值决定，如图 3-62 所示。散点图适合表达数值在两个变量之间的分布情况，如图 3-63 所示。

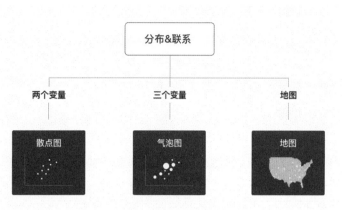

图 3-60　堆叠柱状图 3

分组颜色超过6个，数据识别度降低

图 3-61　分布与联系类图表

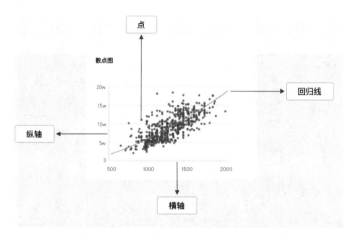

图 3-62　散点图 1

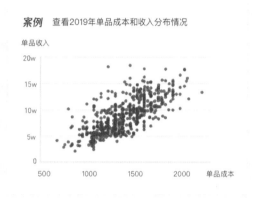

案例　查看2019年单品成本和收入分布情况

图 3-63　散点图 2

散点图设计建议如下。

第一，可以结合颜色来标记不同的类别。

第二，如果数值过小，不推荐用散点图，如图 3-64 所示。

b. 气泡图。

气泡图是一种多变量图表，是散点图的变体。气泡图最基本的用法是使用三个值来确定每个数据序列，气泡的大小是映射面积而不是用半径或者直径绘制的，如图 3-65 所示。气泡图适合观察数据的分布情况，对比各个分类字段对应的数值大小，如图 3-66 所示。

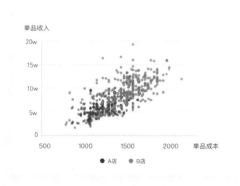

图 3-64　散点图 3

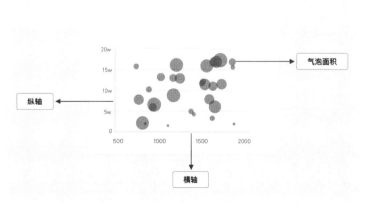

图 3-65　气泡图 1

气泡图设计建议如下。

第一，可以结合颜色表达数据的分类。

第二，绘制的时候要留意，气泡的大小是映射面积而不是用半径或者直径绘制的，如图 3-67 所示。

c. 地图。

地图是通过可视化的方法显示地理区域上的数据的图表。使用地图作为背景，通过图形的位置来表现数据的地理位置，通常用来展示数据在不同地理区域上的分布情况。地图多用于各地区的分布情况，可以结合多种不同的可视化方式，比如结合远点动画增强位置效果，结合飞线图表达起始点和终点的流向，如图 3-68 所示。

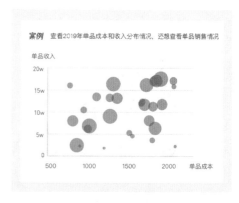

图 3-66　气泡图 2

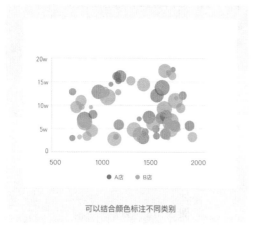

图 3-67　气泡图 3

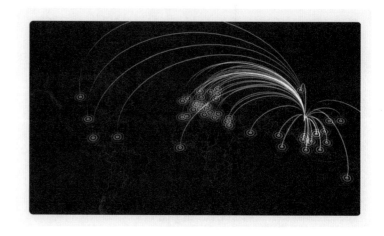

图 3-68　地图

三、学习任务小结

数据可视化的目的是让用户用最短的时间，了解到数据带来的信息。要先确认指标分析维度，然后再选定可视化图表类型。每种图表都有优点和局限性，选择最合适的图表，必要时可以组合使用。从需求和目标出发，不要盲目增加或删减元素，实用性大于美观。

四、课后作业

自己选择材料设计一个信息图表。

学习任务 二

插图与信息图表

教学目标

（1）专业能力：能根据版式设计要求选择和设计合适的插图和信息图表。

（2）社会能力：能用设计师的眼光观察生活中各种版面插图和信息图表，并从中提取设计元素。

（3）方法能力：具备设计思维能力、设计元素提炼及应用能力。

学习目标

（1）知识目标：掌握版式设计中插图和信息图表的设计和选配方法。

（2）技能目标：能根据版式设计要求设计和搭配插图和信息图表。

（3）素质目标：具备独立思考能力和一定的艺术审美能力。

教学建议

1. 教师活动

讲解版式设计中插图和信息图表的设计与选配方法。

2. 学生活动

聆听教师讲解版式设计中插图和信息图表的设计与选配方法，并进行插图绘制实训。

一、学习问题导入

并不是所有的信息都适合以图表的形式表现。比如一个突发性新闻，现场真实的图片和影像比语言更具说服力和感染力。而当事件需要深入报道时，大量的数据出现，既有对比型的信息，又有同类型的信息，插图和数据图表就比较适合。

二、学习任务讲解

1. 插图和信息图表的设计和选配

（1）原始资料信息尽量简洁，关键信息突出。

版式设计中的原始资料要有主有次，核心信息有数据支持。比如，一年某座城市产出垃圾的吨数，其实这个概念十分模糊。如何让观众具体理解这个巨大的数据呢？我们可以以真实的物体作为比照，比如两个标准体育场约等于多少吨的概念。受众对此的理解就比较直观，也能产生令人震撼的效果。

直观的数据参照物，尤其是人们司空见惯的物体，更能引起共鸣。进行信息图形化时，当所有的原始资料准备妥当后，就是对数据进行可视化。一般会根据提纲将整个图表做简单的层级分类。比如一级标题是什么，二级标题是什么，辅助说明是什么，什么数据适合具象化等等。

（2）简单直观的图形更具说服力。

只要将问题表达清楚，单一的图形比复杂的更有说服力。越是简单直观的形状，尤其是那些人们熟悉的事物，越容令人易产生亲切感。产生好感是认知的重要一步，好感度越高的图形，越容易记忆，如图 3-69 所示。

版
式
设
计

图 3-69　简单直观的对比图形让人更容易理解

（3）放大核心数字。

大部分人对数字非常敏感，比如工资条发了，人们首先看的肯定是数字，而不是上面对应的文字。试想如果油价上涨，一般最先关心的肯定是上涨了多少，比原来多了多少，而不是关注是什么油品上涨。在了解了一般人的思维模式后，能更容易抓住用户的心理，设计合理合适的视觉画面。如图 3-70 所示即为放大核心数字的应用实例。

（4）每屏一个重点。

版面表达的内容过多，容易使人产生厌倦的情绪，就好比你眼前有面墙，上面密密麻麻贴满了各式各样的小广告。版式设计时要突出重点，非重点的设计元素尽量简化，这样可以让版面主次分明，如图 3-71 所示。

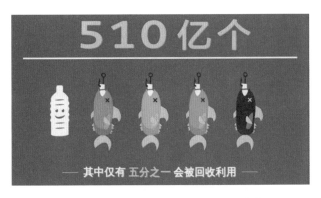

图 3-70　数字往往是人们的重点关注点

图 3-71　主次分明的版式设计

2. 插图和信息图表的选配方法

信息图表由文字、数据以及图像组成。信息图表的关键是分析内容、创建框架、做好信息分级，再加入排版设计和插画，通过一个完整的系统把信息清楚地表达出来。也就是说，设计师应该具备准确地、有条理性地处理文字、数据和图像的能力。信息图表最复杂的地方是对内容的理解，这需要深入地分解内容，分成小的部分，贴标签、分等级，然后再合在一起。如图 3-72 和图 3-73 所示即为信息图表设计佳作。

插画是版式设计中最具视觉效果的设计元素，可以丰富画面效果，形成版面重点，增强版面阅读性和帮助理解版面内容。插画要和文字紧密联系，作为文字的有效说明，插图的大小、色彩、风格样式、摆放位置等要与版式的整体效果保持协调。如果版面中需要多个插图，则在有限的版面空间里摆放不能过于拥挤，要留出一定的空白。插图呈现的效果应该简洁明了，体现事物的主要特征。如图 3-74 ~ 图 3-76 所示即为插图佳作。

图 3-72　信息图表设计 1

图 3-73　信息图表设计 2

图 3-74　版式设计中的插图 1

图 3-75　版式设计中的插图 2

图 3-76　版式设计中的插图 3

三、学习任务小结

通过本次任务的学习，同学们对版式设计中的插图和信息图表的设计与选配方法有了初步的了解。版式设计的三要素——文字、插图和色彩是版式设计的重点。课后，大家要多收集相关的设计素材，提升版式设计能力。

四、课后作业

每位同学收集 10 幅插画或新闻类信息图表，并制作成 PPT 进行分享。

项目四
文本的版式设计

字体的选择

教学目标

（1）专业能力：能识别有衬线字体和无衬线字体的特征；能正确选择与主题风格相匹配的字体；能遵守排版中的字体使用原则；能从同一张设计图稿中完成 2 种以上字体方案的设计。

（2）社会能力：关注生活中的字体样式，收集多种风格的字体设计样式，提高设计鉴赏和审美能力。

（3）方法能力：具备资料收集能力，设计案例分析、总结及应用能力。

学习目标

（1）知识目标：了解有衬线字体和无衬线字体的特征，以及字体的使用原则。

（2）技能目标：能够正确选择与版式设计主题风格相匹配的字体，遵循排版中的字体使用规则，从而完成设计图稿的字体方案设计。

（3）素质目标：能够清晰地使用专业语言表述自己的字体方案，具备团队协作能力和一定的语言表达能力，具有一定的综合职业能力。

教学建议

1. 教师活动

（1）教师前期收集各类型平面设计中的字体设计案例，提高学生对字体的关注度，引导学生进行观察，描述出字体的外观，并通过归纳总结，帮助学生理解有衬线字体和无衬线字体的特征。

（2）教师通过案例对字体的风格特点进行分析，使学生理解不同字体分别适用的场景，并通过正反面的字体案例对比，帮助学生明确字体使用的规则。

（3）将思政教育融入课堂教学，引入中国传统名家书法作品，使学生感受到中国书法艺术的独特魅力，并将"国风"元素融入字体方案设计中。

2. 学生活动

（1）推选优秀的学生字体方案作业，学生分组进行现场展示和讲解，提高学生的语言表达能力和沟通协调能力。

（2）构建有效促进自主学习、自我管理的教学模式和评价模式，突出学以致用，能在教师指导下进行字体设计实训。

一、学习问题导入

文字是平面设计中最重要的载体，设计师通过文字向大众传达信息，同时又将文字作为设计的素材，赋予文字更深刻、更丰富的内涵。下面对比两张设计图，如图 4-1 和图 4-2 所示。

从两张设计图稿中可以看出，在相同的背景图下，改变字体可以让设计变得生动起来，呈现完全不同的效果。图 4-1 选用的字体有点粗重呆板，和画面的文艺风显得格格不入；图 4-2 的字体换成了轻盈纤细的宋体后，再在排版上稍加变化，整个画面效果更加协调。由此可见，字体、排版、图片风格这三者是相辅相成的，对排版来说，选对合适的字体是第一步。

图 4-1

图 4-2

077

二、学习任务讲解

1. 基础字体

"字体"很早以前就融入了人类生活中，比如我们最为熟悉的中国书法，其历史悠久，是中国传统文化最具标志性的民族符号，从甲骨文、金文到大篆、小篆、隶书，再到定型于东汉、魏晋的草书、楷书、行书诸体，在世界文化艺术宝库中大放异彩，如图 4-3 ~图 4-6 所示。

图 4-3　商代《大型涂朱牛骨刻辞》

图 4-4　东汉《曹全碑》

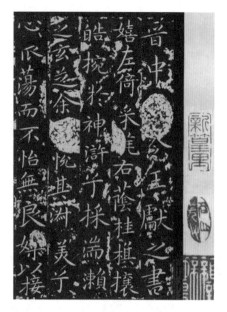

图 4-5 东晋王献之《洛神赋》

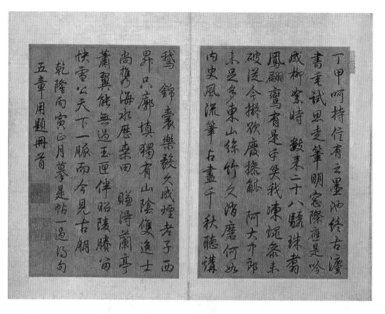

图 4-6 东晋王羲之《快雪时晴帖》

从心理学角度来说，字体的形态、大小、粗细、力度能反映一个人的性格。比如字形大，代表为人开朗、外向；字形纤细，代表为人细腻、谨慎。每种字体都有它独特的"性格气质"，想了解不同形态的字体，首先要对所有字体进行分类。字体可分为有衬线字体和无衬线字两类基础字体。衬线和非衬线的说法来源于英文，但是在汉字上也适用。

如图 4-7 所示，有衬线字体的特征是纵线粗、横线细，笔画有装饰细节，艺术感较强，易读性较高，因此适合长文阅读，可作为标题使用。无衬线字体的笔画粗细较为统一，字形简单。笔画无装饰细节，识别性较高，常用于杂志等字体小的正文和说明文中。

有衬线　　　　无衬线　　　　纤细　　　　粗壮

图 4-7 基础字体

2. 字体的风格

不同的字体具有不同的视觉效果，粗壮的字体给人以力量感和豪放感，纤细的字体给人以轻柔感和优雅感。分析字体的风格特征，然后根据特征来匹配适合它的使用场景，这是平面设计作品成功的关键。

（1）阳刚风。

粗字体最大的特征就是力量感、分量感，可以形成强烈的视觉冲击力，常用在标题上，给人以朝气蓬勃的强劲感和醒目感，如图 4-8 ～图 4-11 所示。但粗字体带来视觉冲击力的同时，也会让人有廉价感，而且不适合用在大段的正文上。

图 4-8 粗字体的视觉特征

图 4-9　运动装海报　　　　图 4-10　天猫双 11 广告

图 4-11　地产广告

（2）时尚风。

时尚主要以"瘦"和"美"作为其主要特征，细字体给人精致优雅的气质，适合女性主题，如图 4-12 ～图 4-14 所示。在一些高端品牌的设计中也常常可以看到细字体的应用，给人一种精致的感觉，如图 4-15 所示。

图 4-12　细字体的视觉特征

图 4-13　女性服装海报　　　　图 4-14　女性护肤品广告　　　　图 4-15　珠宝品牌广告

（3）复古文艺风。

有衬线字体因笔画上的装饰细节而显得更加精致，富有传统书法的美感，如图 4-16 所示。因此在一些人文类、青春主题类设计或者追求精致感的设计中，经常可以看到衬线字体的应用，如图 4-17 ～图 4-20 所示。

文艺　　复古　　精致

图 4-16　有衬线字体的视觉特征

图 4-17　古典音乐海报　　　　　　　　　　　　　　　图 4-18　汽车海报

图 4-19　电影海报　　　　　　　　　　　　　　图 4-20　封面设计

080

版
式
设
计

（4）商业风。

无衬线字体与衬线字体相比没有装饰细节，但其结构清晰、简洁大方的造型深受人们喜爱，如图 4-21 所示。无衬线字体常常应用于严肃、正式的场景或表现跟现代有关的主题，如图 4-22 和图 4-23 所示。

图 4-21　无衬线字体的视觉特征　　　图 4-22　海报设计　　　　　　图 4-23　产品海报设计

（5）活泼风。

相对于常规字体，手写体具有活泼、个性、自由等特点，如图 4-24 所示。其可以营造轻松愉悦的气氛。缺点是可辨识性较差，当文字数量较多时，会影响阅读效率。因此手写体一般只用在简短的标题上，不适用于正文，如图 4-25 和图 4-26 所示。

图 4-24　手写字体的视觉特征

图 4-25　服装海报

图 4-26　婴幼儿产品广告

3. 字体的使用规则

字体种类繁多，并可以进行无限组合。字体和排版两者的关系是密不可分的，在使用字体时要注意三个问题，即字体数量、大小和颜色。

（1）字体的数量要控制在 3 种以内。

字体使用的首要原则就是要克制，在同一个页面中，字体的数量要控制在 3 种以内，最常用的字体使用方案是 2 种字体，即标题 + 副标题（正文），如图 4-27 所示。

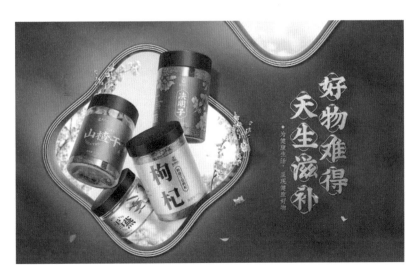

图 4-27　标题 + 副标题（正文）的字体设计方案

如果画面中有很重要的信息需要标示出来，可以考虑加入一种特殊字体，这样就变成了3种字体，即标题＋副标题（正文）＋重点信息，如图4-28所示。

图4-28　标题＋副标题（正文）＋重点信息的字体设计方案

（2）字体的可阅读性要高。

字体最本质的功能是信息的载体，所以可阅读性是字体的首要功能。不同字体的可阅读性差异非常大，通过下面三组图片可以对比字体的可阅读性，如图4-29～图4-31所示。

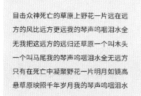

图4-29　常规字体 VS 手写字体

图4-30　宽字体 VS 窄字体

图4-31　无衬线字体 VS 有衬线字体

由以上三组对比图可以看出：常规字体比手写、变形字体可读性更高；宽字体比窄字体更易阅读；无衬线字体比有衬线字体可读性更高。

（3）字体的组合必须协调。

不同的字体呈现出来的风格特征不一样。将不同的字体放在同一个画面，就必须考虑其风格是否匹配。在大数情况下，页面上的所有字体都应该采用同样性质的字体，这样可以产生一种协调的关系。如图 4-32～图4-34 所示为字体组合的对比案例。

图 4-32　有衬线字体与无衬线字体的组合

图 4-33　手写体与常规字体的组合

图 4-34　大字与小字的组合

由以上三组对比图可以看出：如果主标题采用的是有衬线字体，那么副标题和正文也要尽量采用有衬线字体。如果主标题使用手写体，那么副标题应使用常规的黑体、宋体等，这样既可以让整体版式保持视觉张力，又可以让整个版式不至于失去重心平衡。如果主标题使用了手写字，副标题再使用手写字的话，层次感就没那么清晰，副标题的可阅读性也大大减弱。大标题是为了强化视觉效果，紧凑的大标题可以让画面信息更聚焦，更容易抓住用户眼球。而松散的小字，则可以很好地平衡画面，让整个画面张弛有度；若大字散开，小字聚拢，会让画面没有重点，视觉上过于松散，画面也失去张力。

三、学习任务小结

通过本次任务的学习，同学们已经初步了解了字体的气质和性格。根据不同的场景，选择与主题相符合气质的字体是必要的。使用合适的字体，既能体现出专业性，也能传达设计作品的情感。字体的选择与设计需要反复练习，做到熟能生巧。

四、课后作业

（1）每位同学收集 10 种以上不同的字体。

（2）选择一张平面设计图稿，为其匹配 2 种以上的字体方案。

学习任务

二 标题的编排

教学目标

（1）专业能力：能根据标题编排的法则对标题文字进行组合；能结合素材图片的特征选择合适的标题处理技巧。

（2）社会能力：关注各类广告设计中的标题表现形式，提炼标题设计和处理的技巧。

（3）方法能力：具备信息和资料收集能力，设计案例分析、总结及应用能力。

学习目标

（1）知识目标：了解标题的编排法则和处理技巧。

（2）技能目标：能够根据标题内容，按照设计法则对标题进行整理和编排。

（3）素质目标：能够敏锐捕捉当前标题设计的流行趋势，通过赏析设计作品提高自身的审美意识，具备团队协作能力和一定的语言表达能力，具有一定的综合职业能力。

教学建议

1. 教师活动

（1）教师前期收集电商广告、平面广告设计案例，运用多媒体课件、教学视频等多种教学手段进行展示，提高学生对标题设计的认知。

（2）教师结合案例对标题的编排法则、处理技巧进行详细分析，提高学生的标题编排美化能力。

（3）将思政教育融入课堂教学，引入中国元素的标题设计方法，使学生感受到中国传统文化的独特魅力，并将"国风"元素融入标题设计中。

2. 学生活动

（1）推选优秀的学生标题设计作业，学生分组进行现场展示和讲解，提高学生的语言表达能力和沟通协调能力。

（2）构建有效促进自主学习、自我管理的教学模式和评价模式，突出学以致用，能在教师的指导下进行标题编排实训。

一、学习问题导入

一张广告海报设计包含三种要素：商品、文案和背景，如图 4-35 和图 4-36 所示。而标题就是一个版面或广告的核心，是将最重要的信息最大限度地展示出来的载体。如何对标题进行合理的编排使平平无奇的文字变得富有层次感，是我们本次任务需要学习的内容。

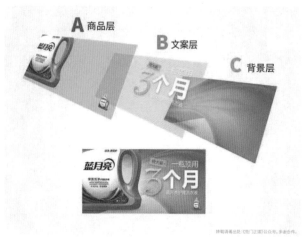

图 4-35　洗衣液广告

图 4-36　服饰广告

二、学习任务讲解

1. 标题的编排法则

（1）添加基本设计元素。

点线面是视觉设计的基本元素，添加点线面可以直接让标题变得丰富。比如线条起着分割以及视觉引导的作用，因此，在文字前加粗竖线、不连续矩形框等，可以突显标题，吸引眼球，如图 4-37 所示。又如颜色能给视觉带来冲击力，当标题文本比较单薄的时候，添加一个抢眼的色块，可以让人更快地抓住画面重点，也起到增强层次感的作用，如图 4-38 所示。具体的应用案例如图 4-39 ～ 图 4-41 所示。

图 4-37　添加线元素

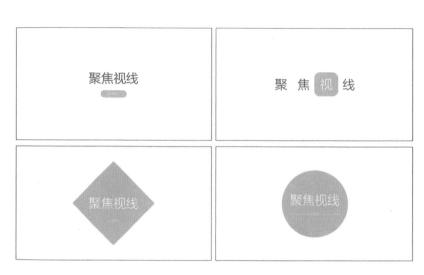

图 4-38　添加色块

图 4-39　添加线条的应用案例

图 4-40　添加色块的应用案例 1

图 4-41　添加色块的应用案例 2

（2）强化视觉对比。

　　加强视觉对比是最常用的方法，可以通过增强大小对比、颜色对比以及位置对比，达到突出重点、丰富标题层次的效果，如图 4-42 ～图 4-44 所示。

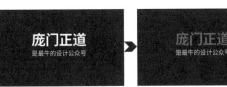

（1）将初始文本分成两行，将关键字加大字号。

（2）更换字体颜色，加强对比。

（3）继续加大字号，更改排版样式。

图 4-42　最初的标题文本　　　　　　　　　图 4-43　大小、颜色对比

图 4-44　位置对比

（3）添加字体效果。

以上两种方法都是丰富标题层次感最基础的手法，还可借助 Photoshop 等软件对字体效果进行进阶打造。以"双 11"的促销标题为例，具体操作步骤如图 4-45 ～图 4-49 所示。

原始文本　➡　分上下排列，添　➡　添加图层蒙版，　➡　缩小文字间距，　➡　添加辅助元素
　　　　　　　加颜色、大小对　　　形成渐隐效果。　　　形成叠字效果，
　　　　　　　比。　　　　　　　　　　　　　　　　　倾斜文字，营造
　　　　　　　　　　　　　　　　　　　　　　　　　　画面动感效果。

图 4-45　渐隐字效果

图 4-46　折纸字效果

图 4-47　折纸字转折部分的技术处理

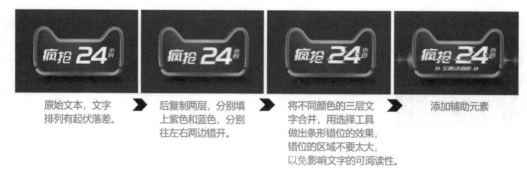

原始文本，文字　➡　后复制两层，分别填　➡　将不同颜色的三层文　➡　添加辅助元素
排列有起伏落差。　　　上紫色和蓝色，分别　　字合并，用选择工具
　　　　　　　　　　　往左右两边错开。　　　做出条形错位的效果，
　　　　　　　　　　　　　　　　　　　　　错位的区域不要太大，
　　　　　　　　　　　　　　　　　　　　　以免影响文字的可阅读性。

图 4-48　霓虹字效果

原始文本，选择
笔画有装饰细节
的宋体。 ➤ 通过大小对比、位置
对比进行编排。 ➤ 把笔画全部拆开，方
便后期重组。 ➤ 进行重组，将其中的
一些笔画高斯模糊，
营造前后关系，同时
将其中的一些笔画作
反转或者挪动，打破
原有的规律。 添加英文小字排版细节，添加"杂色"滤镜效果，
增加高光效果。

图 4-49　拆分字效果

中国汉字经过几千年的演化，本身已经非常具有视觉美感，再结合现代的设计理念，对汉字做细微的视觉化改造，营造出别样的新鲜感来，马上就能呈现出良好的视觉效果，如图 4-50 所示。

原始文本　　　➤　　更改成书法字体　　➤　　添加纹理

图 4-50　书法字 + 纹理效果

2. 标题的处理技巧

（1）寻找方向感。

根据素材图中赛车所呈现出来的方向进行标题文案的设计。倾斜一般可以表达动感、速度和力量。再进行色调处理。标题与车子的方向保持一致，既使得标题与画面融为一体，也强化了整个画面的视觉冲击力，如图 4-51 所示。最后的海报成品如图 4-52 所示。另外垂直方向、曲线方向标题设计如图 4-53 和图 4-54 所示。

图 4-51　标题设计——倾斜方向

图 4-52　电影海报　　　　　　　　　　图 4-53　标题设计——垂直方向

图 4-54　标题设计——曲线方向

　　常见的文案排版问题如图 4-55 所示，人物眼睛望向右边，所以标题最好放在右边，如图 4-56 所示。如果强行文案排版到左边的话，就会造成用户视线的混乱，不知道该往哪边看。

图 4-55　标题设计错误示范

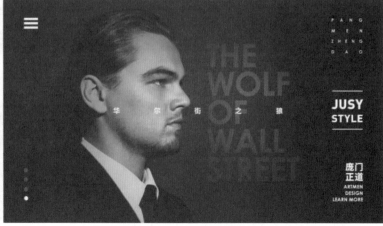

图 4-56　标题设计正确示范

（2）图文穿插。

图文穿插是让文字与图片产生互动，形成空间感，从而让文字不仅仅是文字，也变成了图形元素，如图4-57所示。这种穿插方式适合主体比较突出的图片，如人物、商品等。

图 4-57　图文穿插设计

（3）建立平衡。

平衡指的是视觉上的平衡，画面重心要平稳，如图4-58所示。接下来具体看看怎么利用平衡原理做标题设计。

由图4-59可以看出，两盘食物是对称摆放的，视觉上确实达到了平衡的效果，但带来的问题就是构图太呆板了，因此需要打破原来的构图。

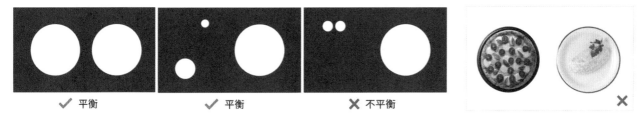

图 4-58　画面的平衡　　　　　　　　　　　图 4-59　对称摆放的素材图

如图4-60所示，可以先通过大小变化来制造视觉落差，这样导致的不平衡通过标题来让画面重新达到平衡状态，再用桌布等元素丰富画面。最后按照空出来的位置添加标题，再处理下阴影等细节就完成了，如图4-61所示。

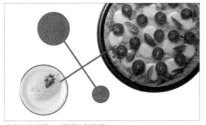

先打破平衡，再构建平衡

图 4-60　打破画面平衡

图 4-61　设计完成

（4）置入形状。

这个方法和软件里的置入容器的原理是一样的，是指将标题置入到画面中的某个形状中，如图 4-62 所示。具体操作步骤是先按照背部的轮廓打上段落文字，添加主标题，将段落文字添加光影变化，选取一些重要的关键词突出展示，最后完成。

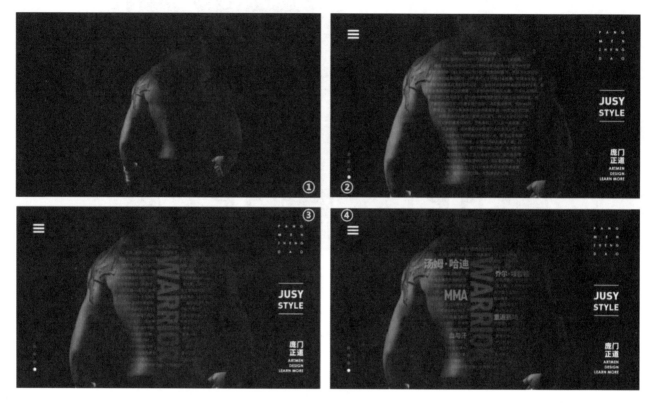

图 4-62　置入形状

三、学习任务小结

通过本次任务的学习，同学们已经初步了解了标题的编排法则以及标题的 4 种处理技巧。同学们要想设计出层次感丰富的标题，一定要进行针对性练习。但标题的设计千变万化，样式繁多，除了练习，平时还要注意多翻阅优秀的设计案例，勤思考，多对比，日积月累，才能设计出理想的效果。

四、课后作业

（1）每位同学收集 5 种以上不同的标题样式，并进行分类整理。

（2）自由选择素材图，文案自拟，结合标题的编排法则，分别运用 4 种处理技巧设计出 4 张与主题相符的设计稿。

学习任务 三 文字的编排

教学目标

（1）专业能力：能处理文案信息的主次内容，打造文字的层级关系；能根据主题和内容的需要，运用造型要素和形式原则对文字进行编排组合。

（2）社会能力：关注各类广告设计中文字的表现形式，提炼文字设计和处理的技巧。

（3）方法能力：具备信息和资料收集能力，设计案例分析、总结及应用能力。

学习目标

（1）知识目标：了解文字的层级关系、文字间的行距使用规范以及文字的编排方式。

（2）技能目标：能够规范设置文字间的行距，能够运用 Photoshop、Illustrator 等设计软件，结合标题的处理技巧、文字的编排方式等完成主题平面广告设计。

（3）素质目标：能够敏锐捕捉当前设计的流行趋势，具备团队协作能力和一定的语言表达能力，具有一定的综合职业能力。

教学建议

1. 教师活动

（1）教师前期收集电商广告、平面广告设计案例，运用多媒体课件、教学视频等多种教学手段讲授文字的编排技巧。

（2）教师结合案例对文字的层级关系、文字的编排方式、创意编排技巧等进行详细分析，帮助学生运用造型要素和形式原则对文字进行编排组合。

2. 学生活动

（1）选取优秀的学生设计作业进行点评，并让学生分组进行现场展示和讲解，训练学生的语言表达能力和沟通协调能力。

（2）构建有效促进自主学习、自我管理的教学模式和评价模式，突出学以致用，在教师的指导下进行文字编排实训。

一、学习问题导入

任何设计都有其设计目的，以广告海报设计为例，其设计目的并不是纯粹让人感觉画面很美、效果很炫，而是为了将产品信息准确地传达给大众。广告中文字的作用就是引导消费者阅读，因此设计的第一步就是分析文字信息内容，把内容的层次梳理出来，如图 4-63 所示。厘清信息层次之后，再确认需要用什么样的视觉表现形式，在版面中采用什么样的文字编排形式，才能有效地准确地传达信息。

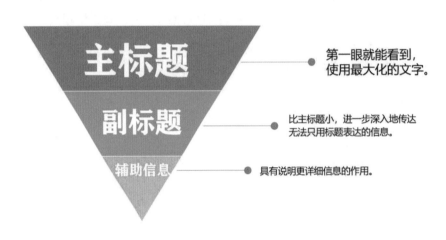

图 4-63　文案信息的三个层次

二、学习任务讲解

1. 文字的层级关系

层级关系就是层次等级关系，文字的层级关系要根据文字信息的重要性进行设计，使之有主次之分。其中，主标题应大于次标题，辅助信息应小于次标题。层级越多，文字信息的变化就越丰富，版面节奏感越强。常见的文字层级关系处理方法有以下三种。

（1）改变文字字号。

改变字号的大小，使信息之间的主次关系能很好地区分出来。一级标题字号应大于二级标题字号，二级标题字号应大于正文字号，正文字号应大于辅助文字字号，如图 4-64 所示。

图 4-64　文字层级规范网格图

（2）改变字体粗细。

如果通过改变字号的大小还未能拉开层级之间的关系，可以尝试通过字体的粗细来体现层级关系，如图 4-65 所示。

图 4-65　改变字体粗细

（3）改变字体颜色。

调整颜色，使主要信息更加明显，让层级更加清晰。一般会使用对比色来加强主次，但在色彩应用过程中字体色彩要与画面整体气质相协调，如图 4-66 所示。

图 4-66　改变字体粗细

2. 文字间的行距使用规范

行距可以理解为行与行之间的距离，行距的确定主要取决于文字内容的层级关系，如图 4-67 所示。行距设置太窄，读者在阅读时会受上下行文字的干扰；行距设置太宽，则会在版面留下大面积的空白，使内容缺少延续感和整体感。

文字间的行距使用规范有以下三种。

（1）正文间的行距。

字体不变的情况下，设置字号为 8pt，行距为 16pt，可根据公式：8pt×2−（0～3）计算出合适的行距，如图 4-68 所示。

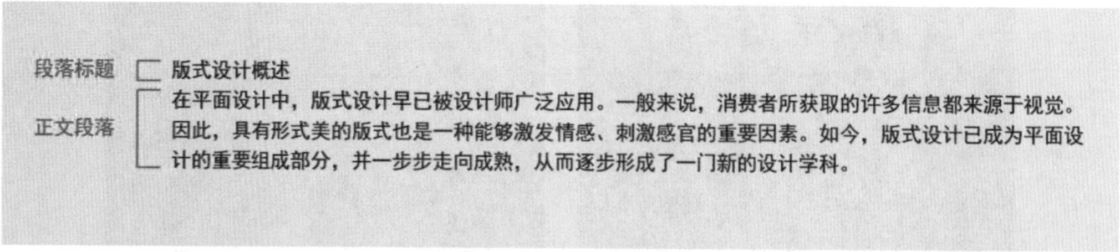

段落标题 ☐ 版式设计概述
正文段落 ☐ 在平面设计中，版式设计早已被设计师广泛应用。一般来说，消费者所获取的许多信息都来源于视觉。因此，具有形式美的版式也是一种能够激发情感、刺激感官的重要因素。如今，版式设计已成为平面设计的重要组成部分，并一步步走向成熟，从而逐步形成了一门新的设计学科。

图 4-67　文字信息内容

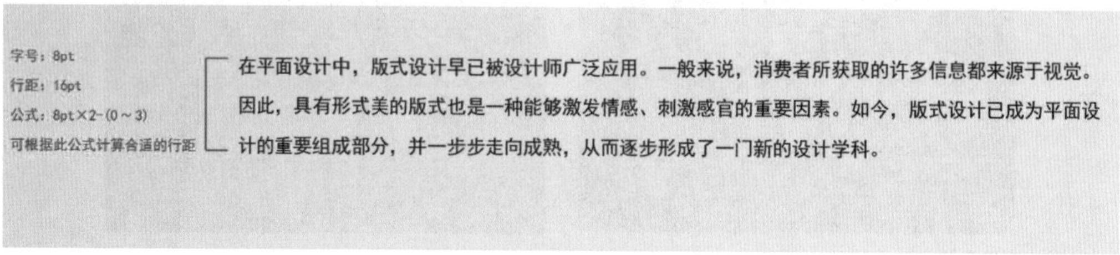

字号：8pt
行距：16pt
公式：8pt×2-(0～3)
可根据此公式计算合适的行距

☐ 在平面设计中，版式设计早已被设计师广泛应用。一般来说，消费者所获取的许多信息都来源于视觉。因此，具有形式美的版式也是一种能够激发情感、刺激感官的重要因素。如今，版式设计已成为平面设计的重要组成部分，并一步步走向成熟，从而逐步形成了一门新的设计学科。

图 4-68　正文间的行距

（2）标题与正文的距离。

字体不变的情况下，设置标题字号为 12pt，标题与段的行距可根据公式（12pt×2=24pt）计算出合适的行距，如图 4-69 所示。

（3）标题间的行距。

对于标题组合，行距不能像正文行距那样，相反标题间的行距应保持紧密以显得稳重统一。如果间距过于宽松的话，整体就会显得很松散，如图 4-70 所示。

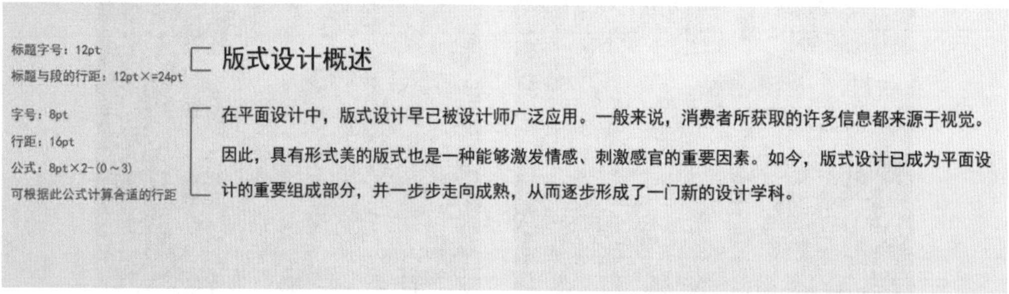

标题字号：12pt
标题与段的行距：12pt×=24pt

☐ **版式设计概述**

字号：8pt
行距：16pt
公式：8pt×2-(0～3)
可根据此公式计算合适的行距

☐ 在平面设计中，版式设计早已被设计师广泛应用。一般来说，消费者所获取的许多信息都来源于视觉。因此，具有形式美的版式也是一种能够激发情感、刺激感官的重要因素。如今，版式设计已成为平面设计的重要组成部分，并一步步走向成熟，从而逐步形成了一门新的设计学科。

图 4-69　标题与正文的距离

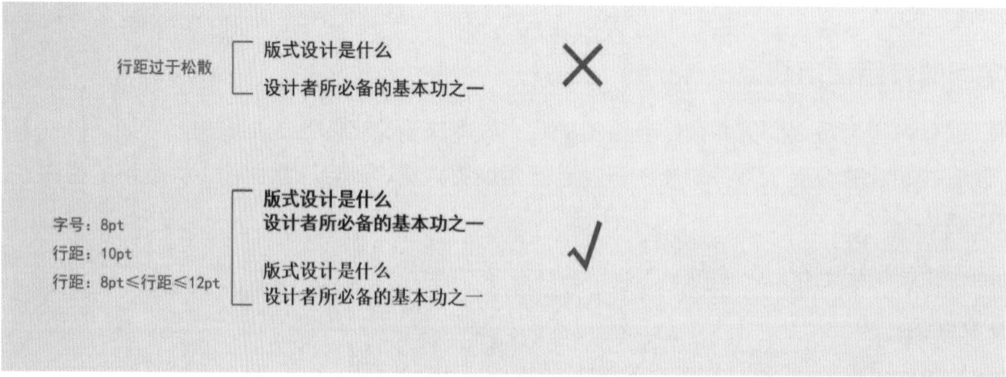

行距过于松散 ☐ 版式设计是什么
设计者所必备的基本功之一　　×

字号：8pt
行距：10pt
行距：8pt≤行距≤12pt

☐ **版式设计是什么**
设计者所必备的基本功之一

版式设计是什么
设计者所必备的基本功之一　　√

图 4-70　标题间的行距

3. 文字的编排方式

对齐是排版中建立条理性的第一步，对齐能让版面中的元素有一定的视觉联系。合理的对齐方式可以带来秩序感，让版面看起来更加严谨、专业。常用的对齐方式有以下 6 种，如图 4-71 所示。

图 4-71　对齐的方式

（1）左对齐。

左对齐是阅读效率最高的对齐方式，更符合人的阅读习惯，因此大段文案最好采用左对齐的方式排版，如图 4-72 所示。

（2）右对齐。

右对齐的方式与人的阅读习惯相反，因此这种对齐方式会显得比较个性。右对齐的应用场景不太多，有时候只是因为需要排版上更平衡才使用右对齐，如图 4-73 所示。

图 4-72　左对齐的应用

图 4-73　右对齐的应用

（3）居中对齐。

一些成熟的品牌喜欢用居中对齐这种方式，可以牢牢抓住用户眼球，显得很正式、严肃、有力量；喊口号的宣传海报也常采用居中对齐。需要注意的是，居中对齐具有对空间的独占性。也就是说，在同一个单元模块中，最好只有一个居中对齐的内容，这样可以充分发挥居中对齐的聚焦效果，如图 4-74 所示。

（4）两端对齐。

两端对齐用于特殊文本处理，是指将一部分元素通过调整间距的方式使得两端完全对齐，强制处理成四方形，这样可以形成工整严谨的效果。两端对齐不仅仅用于处理文本，也常用于编排多个类似的视觉元素，在整齐中通过细节的变化形成近似画面，达到强化设计感的目的。如图 4-75 所示即为两端对齐的应用实例。

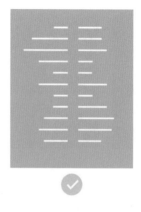

图 4-74　居中对齐的应用

两端对齐

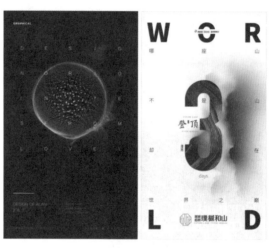

图 4-75　两端对齐的应用

（5）顶部对齐和底部对齐。

顶部对齐和底部对齐是纵向排版才会用到的对齐方式，一般纵向排版都是顶部对齐，这样有利于阅读。顶部对齐还可以营造出复古的文化氛围，如图 4-76 所示。

顶部对齐

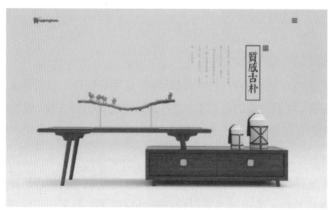

图 4-76　顶部对齐的应用

4. 创意编排方式

（1）描边式编排。

描边式编排即将重要的文字信息进行描边，通过描边来强调文字边线。这样的处理方式能够产生近似图形化的效果，增加画面的独特创造性，如图 4-77 所示。

图 4-77　描边式编排

（2）文字底色填充。

为了让一段文字更加突出，通常会将这段文字加上底色，让画面富有层次感，底色与主色之间常采用对比色增强效果，如图 4-78 所示。

图 4-78　文字底色填充

（3）文段错位编排。

文段编排一般都使用对齐编排方式，以确保整体的秩序感，文段错位编排则采用错位的方式，营造出视觉的错位美感，如图 4-79 所示。

（4）图形式编排。

文字的图形式编排是将文字编排成线、面或图形，应着重从文字组合入手，而不仅是强调单个文字的字形变化，如图 4-80 所示。

图 4-79　文段错位编排

图 4-80　图形式编排

三、学习任务小结

通过本次任务的学习，同学们已经初步了解了文字的层级关系处理技巧和文字的编排技巧。要想设计出层次感丰富的文字，同学们就要掌握其设计规律，并不断实践。文字的设计千变万化，样式繁多，平时要注意多看设计案例，勤思考，多对比，日积月累，才能设计出理想的版式文字效果。

四、课后作业

（1）每位同学收集 5 种以上不同的文字编排形式，并进行分类整理。

（2）自选 3 个设计主题，根据主题和内容的需要，自由选择素材图，文案自拟，运用造型要素和形式原则对文字进行编排组合，并描述出文字编排的过程和依据。

项目五
图文混合的版式设计

学习任务 一

图片的选择

教学目标

（1）专业能力：能根据主题选取合适的图片运用到版式设计中。

（2）社会能力：具备图片选择与加工能力。

（3）方法能力：具备设计创新能力、艺术审美能力。

学习目标

（1）知识目标：掌握版式设计中图片的选择方法和技巧。

（2）技能目标：能根据版式设计要求合理地选择图片。

（3）素质目标：具备一定的图片创意设计能力。

教学建议

1. 教师活动

教师讲解版式设计中图片的选择方法和技巧，并指导学生进行图片选择实训。

2. 学生活动

聆听教师讲解版式设计中图片的选择方法和技巧，并在教师的指导下进行图片选择实训。

一、学习问题导入

在版式设计中，图片是重要的设计要素，图片的选择既会对信息传达产生直接影响，也决定了版式设计的风格。因此，如何选择并处理好图片就显得非常重要。本次任务重点学习版式设计中图片的选择方法。

二、学习任务讲解

1. 图片的类型

版式设计中的图片大致可以分为具象性图片、插图类图片和可视化图表。

（1）具象性图片。

具象性图片广泛应用于电影海报设计、平面广告宣传设计、产品海报设计、书籍封面设计等领域。这类图片可以真实、准确地向读者传递出设计者想要表达的内容，多以实物拍摄为主，拍摄出的实物照片一般都会根据主题进行适当的处理，让画面饱满丰富。如图 5-1 和图 5-2 所示是南京的国家宝藏新媒体宣传海报，其选用了具有代表性的馆藏宝物实景图片作为主图，传递出的宝藏信息准确、直观，不会给读者留下臆想和误读的空间。

图 5-1 南京城的国家宝藏宣传海报 1　　图 5-2 南京城的国家宝藏宣传海报 2

（2）插图类图片。

插图类图片是插画师根据版式设计的需要，运用点、线、面等设计要素，表达情感和理念的图片。商业插图具有广告特征，以传达商业、产品信息为目的。如图 5-3 所示是樱花卫厨品牌系列广告，其用中华传统纹样填充手写体数字，再配以中国宝塔建筑的手绘插图，传递出企业售后保障的承诺和守护客户的服务理念，让读者在读取信息的同时体验到艺术的乐趣，加深了对企业及其产品的印象和好感度。

图 5-3 樱花卫厨品牌广告：用冰冷的国宝讲述历史的温度

图 5-4 是一张小米讲堂的宣传海报，选择了手绘插图作为版式设计图片，其清新、婉约的设计风格，以及含蓄、内敛的色调，表现出与讲座主题高度协调的效果。

（3）可视化图表。

可视化图表是指将抽象信息或复杂数据统计信息用图形结构直观表达出来的一种图形样式。如图 5-5 所示的数据分析表格，数据项多，数据增减结果的分析需要读者仔细辨认对比，增加了阅读难度。当设计师将这些数据项按照前增后减的序列重新排列并形成柱状图后，数据项之间的差别便清晰明了了，数据对比分析结果也一目了然。

排版时如果发现版面信息不足，可以选择将文字中的信息提取出来，对这些提取出的信息进行图表化设计，使其形成一种新元素填补到空白版面中，增加版面的丰富度，如图 5-6 所示。

图 5-4 插图类图片

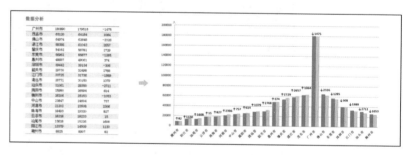

图 5-5 数据表格与柱状图的对比实例

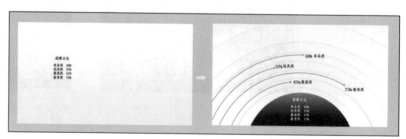

图 5-6 单调的数据信息被图形化

2. 裁剪图片

在版式设计中，经常会遇到主体周边有干扰元素的图片，影响了图片整体的视觉效果。这时只需要通过剪裁将这些干扰元素去掉即可。如图 5-7 所示，左上角原图镜头前的花枝打破了草原图的宁静，我们可以借助 Photoshop 软件用裁切工具选取适合文字配图的区域即可完成图片裁剪。

图 5-7　裁剪图片

　　图片裁剪也需要一定的技巧，有时可以根据版面需要，运用不同角度和方法裁剪，以增加版面的设计感。比如裁剪成方形、三角形、圆形、多边形等，如图 5-8 和图 5-9 所示。

图 5-8　图片可以裁剪成多种形状

图 5-9　版面中被裁剪成多种形状的图片

3. 图片局部的选用

　　通常选用图片局部元素的目的一是突出宣传重点（图 5-10），二是突出细节（图 5-11），三是制造留白（图 5-12）。在设计时设计师会根据设计主题或传递信息的目的决定突出画面中的某部分元素，然后将需要突出的画面元素保留下来，以特写的方式展示重点，隐去无关元素。

图 5-10　突出宣传重点的图片局部选用

图 5-11　突出细节的图片局部选用

图 5-12　制造留白的图片局部选用

三、学习任务小结

通过本次任务，同学们初步掌握了版式设计中图片的类型，以及图片的选择与制作技巧，提高了版式设计图片处理能力。课后，大家要多收集优秀的带有图片的版式设计作品，并从中学习其图片选用方法。

四、课后作业

收集 30 幅带有图片的版式设计作品，说说这些图片的选用技巧，并制作成 PPT 进行展示。

学习任务 二 图片的处理与运用

教学目标

（1）专业能力：能对版式设计中的图片进行处理与运用。

（2）社会能力：具备一定的图片编排能力和软件操作能力。

（3）方法能力：具备艺术审美能力、图片创意表现能力。

学习目标

（1）知识目标：掌握版式设计中图片的处理方法。

（2）技能目标：能根据版式设计需要进行图片处理。

（3）素质目标：具备一定的图片创意设计能力和处理、美化能力。

教学建议

1. 教师活动

教师讲解版式设计中图片的处理方法，并指导学生进行图片处理实训。

2. 学生活动

聆听教师讲解版式设计中图片的处理方法，并在教师的指导下进行图片处理实训。

一、学习问题导入

在版式设计中，为了配合版面的设计风格和内涵表述，需要对图片进行一定的处理，以便让图片更加符合版式设计的整体要求。本次任务我们一起来学习版式设计中图片的处理方法。

二、学习任务讲解

1. 调整图片视角

（1）顺应主体倾向。

当图片主体具有方向性时，应当在主体视线前方留出空间，使主体与前方形成足够多的空间感，不至于显得拥挤和压抑。如图 5-13 所示，左图汽车向前行驶的倾向性被页面阻挡，如图中黄色区域所示。我们可以将汽车向后移动，将其向前行驶的动态倾向性表现出来。

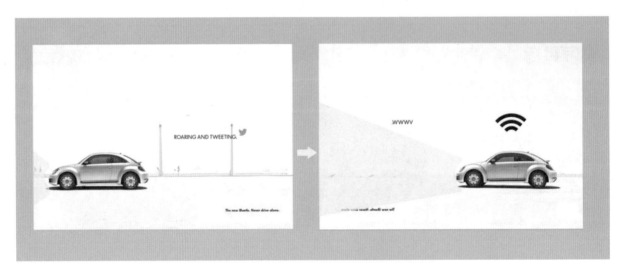

图 5-13　顺应主体倾向性的图片处理

（2）修正图片视角。

有些图片因镜头拍摄，产生了倾斜，这时就需要调整图片的视角。如图 5-14 所示，地平线是倾斜的，我们运用 Photoshop 软件下的标尺工具、自由变换工具和裁切工具，完成视角修正。

图 5-14　修正图片视角的处理

如图 5-15 所示是修正后的图片在版面中的排版应用示例。图中有两张图和几段文字，信息量不算多。放大风景图片至页面最边缘，打破了页边距的限制，使整个版面看上去清新舒畅，吸引读者心向往之。

图 5-15　修正后的图片在版面中的排版应用示例

2. 避免阅读困难

有时背景图片色调会使文字和图片的颜色区别度不明显，使读者产生阅读困难。如果文字的颜色不便修改，可以在图片与文字之间添加一个颜色层，或在图片之间添加颜色渐变层，增加文字与背景识别的舒适度。如图 5-16 所示，第一幅图片把"诗词立秋"题目规范到白色矩形内，在诗词和背景之间增加透明图层，使得题目与诗词摆脱了背景的干扰，被自然纳入了设计者希望读者能注意到的文字体系里。第二幅和第三幅图片中的两张图片均利用画面本身的颜色以渐变方式自然过渡，画面均采用了对比手法将设计者想表达的信息传递给读者。

图 5-16　避免阅读困难采取的图片处理手法

3. 统一调性

调性统一是指在选定了图片后，对大小、色调、视角或质量不同的图片在版面上布局时进行适当的调整，制造出版面的协调统一感。如图 5-17 所示，图片的色调对整体版面的平衡起到关键作用。当版面内有多张图时，可以根据需要统一图片的色调，调整图片的大小，使版面达到平衡统一。

除在同一个版面上保持调性统一外，通常在某一品牌系列版面设计中同样会保持调性的统一，如图 5-18 所示。这样做有利于读者对该品牌的定位形成固定印象。

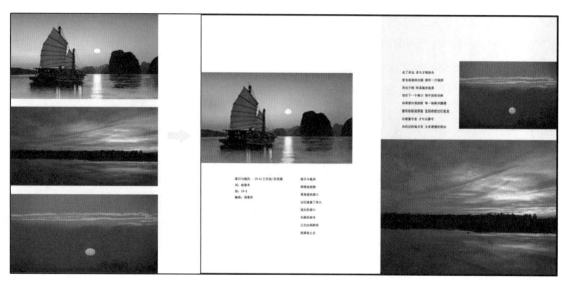

图 5-17　统一调性使版面达到统一

图 5-18　品牌系列产品统一调性的设计

4. 图片去底

图片去底就是对主体图片的外轮廓进行抠图以删除背景的操作。如图 5-19 所示，手机和风扇均为产品整体抠图后排版的，自动变速箱则是产品零部件抠图后设计排版的。

图 5-19　图片去底后的宣传海报

版式设计的抠图方式十分灵活，既可以全部去底，也可以局部去底。去底后的图片由于没有了背景的束缚，就能更好地在版式中发挥作用。如图 5-20 所示，为了让这张图看起来更加自由充满想象力，对图片底部做了局部去底，让图中的苍鹰适当探出一些。此时版面张力凸显，画面也充满了凌厉之风。

图 5-20　局部去底的版面

5. 出血图

为了使纸质印刷品取得较好的视觉效果，会把图片放置得超出版心范围，使图片的一边或多边覆盖页面边缘，经过裁切后，出版物边缘不留空白，这种图即"出血图"。出血，即充满外流的意思。出血是印刷领域的专业术语，指图形、内容部分出了边框。出血线是用来界定图片或内容印刷后哪些部分需要被裁切掉的线。出血线以外的部分会在印刷品装订前被裁切掉。有出血和没有出血的版面对比图如 5-21 所示。

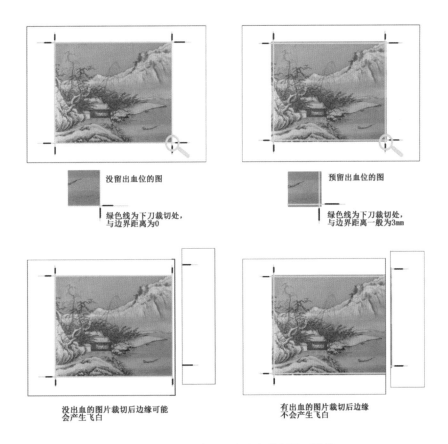

没留出血位的图

绿色线为下刀裁切处，
与边界距离为0

预留出血位的图

绿色线为下刀裁切处，
与边界距离一般为3mm

没出血的图片裁切后边缘可能
会产生飞白

有出血的图片裁切后边缘
不会产生飞白

图 5-21　有出血和没有出血的版面对比图

出血的形式有很多种，如单边出血、双边出血、三边出血、四边出血，如图5-22所示。适当运用出血图可以让版面更具张力，特别是在编排少图少字的版面时，加大图片的面积有利于填补版面空白，提高版面视觉丰富度。同时要注意不要把重要的图片信息放置在订口或切口处，避免出版物在装订时造成版面破坏。

在图5-23所示的版面设计中，设计师运用灰色色块以跨页编排的方式作为主图的背景，提高了版面的视觉宽度。两张图片分别使用单边出血和双边出血方式，打破了页边距的限制，使版面层次感更加明显。

单边出血　　　　　　　　　　双边出血

三边出血　　　　　　　　　　四边出血

图 5-22　图片多边出血

图 5-23　出血图排版

三、学习任务小结

通过本次任务的学习，同学们初步掌握了版式设计中图片的处理方法和技巧，提高了版式设计图片处理能力。课后，大家要多练习版式设计中图片的处理方法，做到熟能生巧，为后续的版式设计积累经验。

四、课后作业

处理5幅带有图片的版式设计作品，并制作成PPT进行展示。

学习任务

三 图文结合的编排

教学目标

（1）专业能力：能借助设计软件完成版面图文编排。

（2）社会能力：具备一定的文字撰写能力。

（3）方法能力：具备设计审美能力、文案撰写能力。

学习目标

（1）知识目标：掌握版式设计图文编排的方法和技巧。

（2）技能目标：能根据版式设计的要求进行图文编排。

（3）素质目标：具备一定的文案撰写能力和设计表现能力。

教学建议

1. 教师活动

教师讲解和示范版式设计图文编排的方法和技巧，并指导学生进行图文编排实训。

2. 学生活动

聆听教师讲解版式设计图文编排的方法和技巧，并在教师的指导下进行图文编排实训。

一、学习问题导入

优秀的版面设计离不开文字、图像与色彩三个要素，版式设计需要综合文字和图像的所有有效信息，抓住核心点，把握逻辑结构，提升版面的信服度。如图 5-24 所示，这幅海报整体版面构图单调，单纯依靠左对齐排版，页面缺乏变化。传递信息的元素设计感不足，导致画面视觉效果不强，右下角的配图使上面的文字似坐在跷跷板上一样，非常不稳定。

图 5-24　漆的美学思想交流研讨会海报初稿

二、学习任务讲解

1. 版面图文编排实训

（1）让主题图片成为视觉焦点。

强焦点是版面构图的重要方法，如果没有强烈的兴趣点，版面就会显得杂乱无章，无法吸引观众的注意力。具有强烈视觉焦点的版面会向读者展示主题，吸引读者的注意力。基于上述考量，我们将图 5-24 调整为如图 5-25 所示的版面。这一版面采用了中心构图的方式，放大的漆瓶形成了视觉中心。

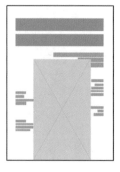

图 5-25　漆的美学思想交流研讨会海报二稿

（2）让主题文字具有视觉冲击力。

在设计版面标题时，我们可以通过文字的层级设计突出主题，更好地区分主次关系，并对这些文字进行视觉化设计，这样做的好处是在第一时间传达最有效的信息。如图 5-26 所示，"漆"字的处理既强调了主题，又减弱了大图对人视线的过度吸引，右对齐的文字排版增加了版面的古典气质，左移的大图给予版面一定的留白，使读者在呼吸之间随着视线的引导轻松获取有用信息。

图 5-26　漆的美学思想交流研讨会海报终稿

2. 版面编排的方法

（1）版面编排要切合宣传目的。

当为一个品牌做宣传时，会刻意把品牌名称作为一个大标题呈现，让这个标题看上去像一幅画一样能聚焦读者的视线，从而在短时间内给人留下印象。如图 5-27 所示，对一个空白页面和一个品牌名称的放置，最直接的办法就是将文字直接放大到整个页面，这样非常醒目，辨识度也极高。然后可以试着在文字下面配上图形，这样的设计使空间产生了一种视觉冲击力，把人们的视线聚拢到一起，制造了一个视觉焦点。这样版面的活力得到提升，也使读者迅速读取到品牌名称并在脑海中形成画面感。

图 5-27　品牌宣传：画面编排切合宣传目的

如果想让读者更多了解这个品牌的风格和面向的受众等信息，可以在版面中增加能代表品牌风格的图片。如图 5-28 所示，缩小后左置的文字和叠压在文字上的人物图片，提升了画面层次感，使人们一眼就看出这个品牌的风格和受众。

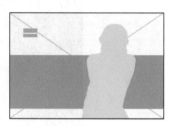

图 5-28　版面的形、图、字能传递出品牌的风格和面向的受众

（2）版面信息传递要充分利用图片细节。

当客户提供的图片有限时，可以在一张大图片里寻找里面的细节，从中截取出多张小图片丰富要传递的信息。这种方法不仅能使图片更有故事感，也有助于提高排版的灵活性。如图 5-29 所示是用一张原始图片跨页放大，均匀布局整个版面的效果。这个排版配合红军会师这一意义非凡的历史事件显得恢宏大气，沉稳厚重，不失为一个好的设计。

仔细观察这张图片时会发现，图片中对人物表情和动作细节的描绘充满故事感，如图 5-30 中黄框内所示。设计师可以将这些图片细节提取出来，引发读者品味和体会，以引起读者共情，达到宣传目的。

首先根据图片的形状，将原图和细节图片在页面中初步布局，如图 5-31 所示。

图 5-29　红军长征会师版面设计一稿

图 5-30　挖掘图片细节

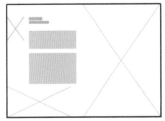

图 5-31　利用图片细节排版初稿

　　这个版面分为左右两块，右侧用放大的细节图片占据整个版面，左侧则采用了悬挂排版的方式布局页面。此时会发现全景图的位置在这里使左侧视线受阻，有种空间被堵塞的感觉。调整后的版面将左上角的图片继续裁小，去色后变成黑白图片，这样就使其图片性变弱。再将全景图适当放大后与文字左对齐，形成视觉舒适感，如图 5-32 所示。当前左侧版面下方的图片颜色较深，画面元素较重，使页面有种下坠的沉重感，可以把图片和文字都向上移动，让页面下方轻盈起来，如图 5-33 所示。

图 5-32　利用图片细节排版二稿

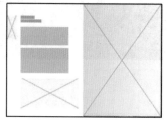

图 5-33　利用图片细节排版终稿

三、学习任务小结

通过本次任务的学习，同学们初步掌握了版式设计中图文编排的方法和技巧，提高了版式设计版面编排能力。课后，大家要多练习版式设计中图文结合的编排方法，做到熟能生巧，为后续的版式设计积累经验。

四、课后作业

重新编排 2 幅平面设计作品的图文版面，并制作成 PPT 进行展示。

项目六
网格与版式设计

学习任务

一

网格版式的概念

教学目标

（1）专业能力：了解网格的基本概念，能通过网格系统将文字、图片等元素更好地展示出来。

（2）社会能力：关注日常生活中网格的应用实例，收集各种网格版式案例，能够运用所学知识分析网格版式的作用。

（3）方法能力：具备资料的收集与整理能力，设计案例分析、提炼及应用能力。

学习目标

（1）知识目标：掌握网格的基本概念和作用。

（2）技能目标：能够通过网格看出版面的分割情况；能够运用网格使版面有秩序感和整体性。

（3）素质目标：能够熟练掌握版面结构，培养动手能力。

教学建议

1. 教师活动

（1）教师通过展示前期收集的大量优秀的版式设计作品，分析其网格设计方式，提高学生对网格系统的直观认识，并鼓励学生对所学内容进行总结和概括。

（2）教师通过对网格类型的分析与讲解，让学生理解网格的分割作用。

2. 学生活动

（1）分组选取优秀版式设计作品进行分析，提升审美能力和表达能力。

（2）进行版式设计作品网格分析实训。

一、学习任务导入

　　网格是一种在现代版式设计中发挥着重要作用的构成元素。网格这一分割方式，能够使版面中的各种构成元素层次分明、井然有序地排列于版面之上，并且可以使它们相互之间的编排协调一致。因此，作为平面构成的一种基本而多变的版面框架，网格在版式设计中的重要作用已经越发明显，是平面艺术设计中不可忽略的一项重要内容，如图 6-1 ~ 图 6-3 所示。

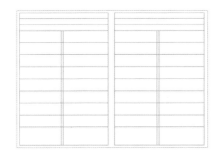  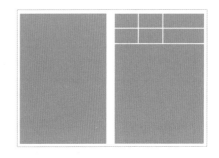

图 6-1　网格的分割　　　　　图 6-2　常用的双栏式对称网格　　　　　图 6-3　单元网格构成形式

二、学习任务讲解

1. 网格的概念

　　网格系统是一种版式设计形式法则，其特点是运用数字的比例关系，通过严格的计算，将版面分割成像方格纸一样的网格。网格系统可以将文字、图片等元素按照网格对齐，使版面变得整齐、清晰，并保持一定的平衡，更好地展示版面信息。虽然并非所有的版式都需要网格的约束，但对于信息量较大、版块较多的版面来说，导入网格无疑是十分高效的解决方法。网格的编排流程如图 6-4 所示。

　　设计网格样式时，首先要大致评估版面的信息量，将版面划分好栏目。接着整理版面信息，确定版块的划分，这时版式已经大致确定。最后将内容按照网格系统放置到版面中，再根据实际情况进行调整。

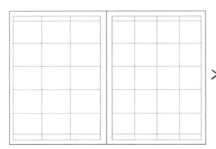 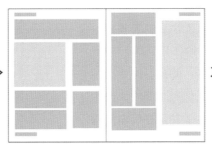 

图 6-4　网格编排流程

2. 网格的作用

　　网格作为版式设计中的重要构成元素，能够有效地强调出版面的比例关系和秩序感，使作品页面呈现出更为规整、清晰的效果，让版面信息的可读性得以明显提升。在版式设计中，网格结构的运用就是为了赋予版面明确的结构，达到稳定页面的目的，从而体现出理性的视觉效果，给人以更为信赖的感觉。具体作用有以下几点。

（1）确定信息位置。

在网格的各项功能中，最为关键的就是确定版面的各项信息位置，对各项元素进行有效的组织和编排，使版面内容具有鲜明的条理性，如图6-5所示。

图6-5　网格有利于确定信息位置

（2）组织版面信息。

网格可以对版面中的文字、图片等构成元素进行有序的编排，使信息得以清晰表达，版面也更有节奏感，如图6-6所示。网格起到约束版面的作用，因而它既能使各种不同页面呈现出各自的特色，同时又能使页面表现出简洁、美观的艺术风格，让人们对版面的大致内容一目了然，有效提升信息的可读性。并且在确定的网格框架内将一些细微的元素进行调整，可以让版面具有整体的平衡性，并且能丰富版面的布局设计。

（3）调节版面气氛。

网格具有多种不同的编排形式，在进行版式设计的过程中，网格能够有效地提高版面编排的灵活性。设计师根据具体情况选择合适的网格形式，再将各项信息安置在基本的网格框架中，有利于呈现出符合要求的版面氛围，如图6-7所示。

图6-6　网格有利于组织版面信息

图 6-7　网格能够调节版面气氛

（4）提升阅读的关联性。

网格是设计版面元素的关键，能够有效地保障内容间的联系。无论是哪种形式的网格，都能让版面具有明确的框架结构，使编排流程变得清晰、简洁，将版面中的各项要素进行有组织的安排，加强内容间的关联性，如图 6-8 所示。

图 6-8　网格有利于提升阅读的关联性

三、学习任务小结

本次学习任务介绍了网格的基本概念和作用，通过对网格版式案例的详细讲解，同学们对网格版式有了全面认识。课后，希望同学们关注日常生活中网格版式的应用实例，运用所学知识分析网格版式的作用，提升审美与应用能力。

四、课后作业

每位学生收集 30 张日常生活中网格版式案例的精彩图片，并分析网格版式的作用。

学习任务

二

网格的设置与运用

教学目标

（1）专业能力：了解网格的设置与运用的方法，熟悉多种网格形式。

（2）社会能力：关注各类网格设置与运用的案例，提升个人审美能力，收集优秀案例进行学习与归纳。

（3）方法能力：具备资料的收集与整理能力，设计案例分析、提炼及应用能力。

学习目标

（1）知识目标：掌握网格在版式设计中的技术法则以及运用技巧。

（2）技能目标：能分析不同的网格形式，独立设置、应用网格进行版式设计。

（3）素质目标：能够熟练掌握网格的设置方法，培养动手能力。

教学建议

1. 教师活动

（1）教师通过展示收集的大量优秀版式设计作品，讲授网格设置与运用的方法，并鼓励学生对所学内容进行总结和概括。

（2）教师通过对各类网格形式的分析与讲解，让学生懂得如何设计美观的版面。

2. 学生活动

（1）分组选取优秀版式设计作品进行分析，提升审美能力和表达能力。

（2）在教师的指导下进行网格设置实训。

一、学习任务导入

不同风格的网格结构表现出的形式特点各有不同，同时还能衍生出各种自由形式，但无论什么样式的网格都是为了使设计风格更为连贯，保持内容的紧密联系，提升版面的可读性。网格作为版式设计基础工具，为文字和图片的编排提供了准确的版面结构，使页面形式更为灵活多变，且又有着秩序感及条理性。如图6-9所示为非对称多栏式网格结构。

图6-9　非对称多栏式网格结构

二、学习任务讲解

1. 网格的分类

（1）对称式网格。

对称式网格主要应用于左右两个版面或一个对页，两页的页面结构完全相同，互为镜像。它们有相同的页边距、网格数量、版面安排等。对称式网格能够有效地组织信息、平衡版面，整体效果稳定协调。但是大量重复地使用对称式网格，易给人枯燥乏味的印象，引起视觉疲劳。因此，可以通过适当添加其他元素使版面更加灵活。对称式网格通常分为单栏对称式网格、双栏对称式网格、多栏对称式网格和对称式单元格网格。

① 单栏对称式网格。

单栏对称即将文字进行通栏排列，不进行任何处理，简洁明了。单栏对称式网格具有均衡页面的效果，字体的编排设计呈现段组形式，表现出条理分明的文字信息，提升了页面的可读性，如图6-10所示。但这种网格类型显得过于单调，容易造成视觉疲劳。因此只适用于小说等开本较小的出版物，如果是杂志等开本较大的出版物，则容易跳行，需谨慎使用。

② 双栏对称式网格。

双栏对称式网格常用于杂志页面中，适合信息文字较多的版面。将文字从中间分割为两部分，能够很好地平衡版面，缓解了读者阅读大量文字时的枯燥感，使阅读过程更加流畅。但使用这种网格编排的文字比较密集，整体给人比较呆板的感觉，可以适当穿插图片来增加版式的变化，如图6-11和图6-12所示。

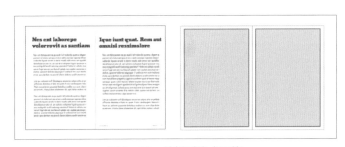

图6-10　单栏对称式网格

图 6-11　双栏对称式网格 1

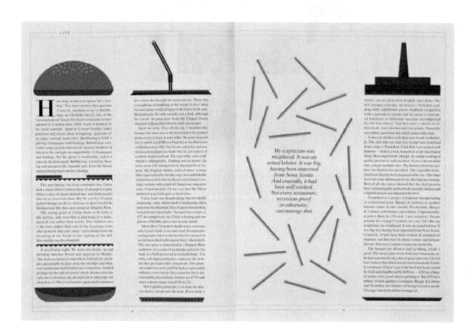

图 6-12　双栏对称式网格 2

③ 多栏对称式网格。

多栏对称式网格是指 3 栏及以上更多栏编排的网格形式。根据不同版面的需要，可以将网格设计成需要的样式，具体栏数依据实际情况而定。多栏对称式网格适用于编排一些有相关性的段落文字和表格形式的文字，能够使版面呈现出丰富多样的效果，如图 6-13 所示。无论采用哪种形式的栏式对称网格，都能使版面表现出良好的秩序感及平衡感，让人们在阅读时更为流畅。

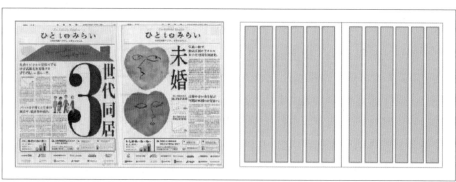

图 6-13　多栏对称式网格

④ 对称式单元格网格。

对称式单元格网格是将版面划分成一定数量大小相等的单元格，然后再根据版面的需要进行图片与文字的编排组合，使页面呈现出较强的规律性，并且有效地丰富了版面形式，提升了内容的可读性。其编排流程如图6-14 所示。

对称式单元格网格的运用，能够使版面产生规律、整洁的视觉效果。对称式单元格的大小及间距可以自由调整，有效地体现出版式设计的灵活性，既可以使网格结构具有多变的形式，同时又保证了页面的空间感和秩序感，如图 6-15 ~ 图 6-17 所示。

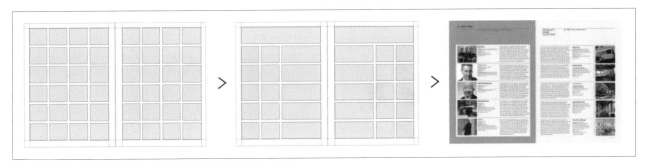

图 6-14　对称式单元格网格编排流程

图 6-15　通过合并单元格创造变化

图 6-16　杂志页面设计 1　　　　　　　　图 6-17　杂志页面设计 2

（2）非对称式网格。

非对称式网格的左右版面采用了同一种编排方式，不像对称式网格那样绝对对称，在页面的整体性方面会呈现出偏左或偏右的倾向。在版面编排的过程中，可以根据版面的需要，灵活调整每一栏的宽窄比例，使版面的整体效果更加丰富、有趣。非对称式网格一般多用于散页的版式设计。

① 非对称式双栏网格。

非对称式双栏网格通常是指在版式设计的编排中，左右页面有着基本相同的网格栏数，但页面中的信息安排却呈现出非对称的状态，相关各元素的编排更为灵活多变。因此，相对于对称式网格而言，非对称式网格的编排形式更为丰富，能够使版面表现出更为活跃的效果。如图 6-18 所示。

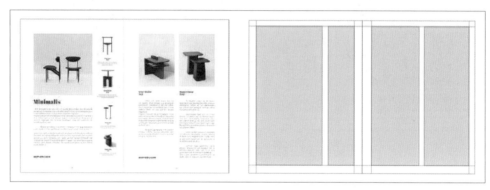

图 6-18　非对称式双栏网格

在进行版式的编排设计时，特别是对于书籍和杂志的编排而言，通常会在书页中加入一些非对称式网格的页面，使其结构形式变得更为活跃。在具体的编排过程中，会根据版面的不同需要在左右网格的形式上进行文字的比例调整，使相连的两个页面产生一定的变化效果。如图 6-19 所示，左页单栏主要展示标题，右页两栏为正文，版面层次对比分明。

图 6-19　非对称式栏状网格

② 非对称式单元格网格。

非对称式单元格网格是较为基础的版面结构。在单元格中可以根据版面的需求来调整文字以及图片的大小和位置，也可以将几个单元格合并使用。单元格网格使用的关键在于将文字或图片准确地放置在单元格所划定的范围内。运用非对称单元格网格的版式层次清晰、错落有致、灵活多变却又整洁干净，如图 6-20 所示。

非对称式单元格网格常被应用于图片量和文字量都较多的页面编排中，根据不同的版面需要，将图片和文字随意编排于一个或多个单元格之中，产生左右页面不对称的效果。这样既简化了版面结构，又使整个版面表现出较高的自由性，更为生动有趣地体现了版式设计的多样性，营造出独特的版面效果。其编排流程如图 6-21 所示。

版
式
设
计

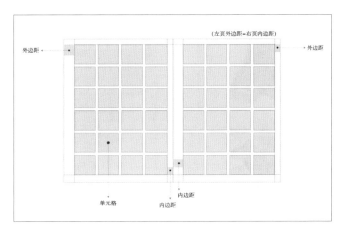

图 6-20　非对称式单元格网格

图 6-21　非对称式单元格网格编排流程

2. 利用基线网格打造简约美观的版面风格

基线网格是版式设计的基础，能够帮助版面中的所有元素实现标准对齐，这种对齐效果单凭感觉是无法做到的。基线网格的作用在于为精确创建和编辑对象提供辅助操作，为版面的编排提供一种视觉参考和构架基准，可以帮助设计师制作出规范、精准的版面，如图 6-22 所示。

如图 6-23 所示，海报中文字信息量较大，层级也十分丰富，利用基线网格可精准地编排文字。

如图 6-24 所示，海报中版式设计以文字为主要内容，新颖的倒三角形版式编排，文字信息突出，给人简约时尚的感觉。

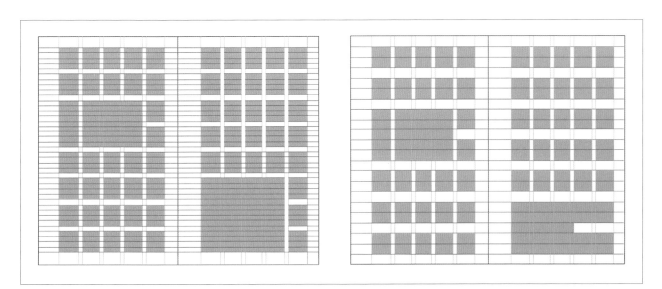

图 6-22　基线网格

图 6-23　基线网格应用 1　　　　　　　图 6-24　基线网格应用 2

3. 利用成角网格营造理想的版面布局

成角网格是指版面中的所有元素都朝向同一个或两个角度分栏编排。成角网格中的网格可以根据需要设置成任何角度，倾斜的角度打破了常规，可以展现出多种创意，如图 6-25 和图 6-26 所示。但需要注意版面的阅读性，要使版面结构与阅读习惯达到最大程度上的统一。

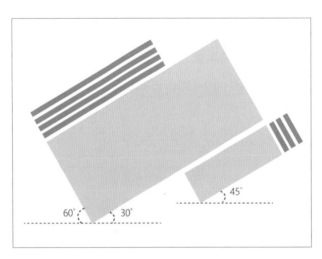

图 6-25　成角网格布局　　　　　　　图 6-26　成角网格编排

4. 网格的应用

网格从建立到运用，是版式设计的前期过程，是为了便于版面的编排，不仅能够增强页面的条理性和秩序感，还能有效提升设计效率。由此可知，对于版式设计而言，构建出良好的网格是非常重要的。如果设计师能够根据不同的页面内容选择合适的网格形式，就能提高效率，使版式设计快速获得成功。分栏与分块是版面网格系统的重要组成部分。

（1）分栏。

分栏能将页面内容竖向划分为几列，分块则是进一步的横向划分，确定内容的顶边和底边，这样就能锁定内容的具体位置了，如图 6-27 所示。在固定大小的页面中通过竖线对页面进行纵向划分，栏与栏之间的距离就是栏间距，通过栏间距的尺寸、形状等可区分信息区域。

如图 6-28 所示，版面为不对称的六栏网格，对大量的文字内容进行有效的分类分层，个性化的配图减弱了大段文字带来的枯燥感，给人较强的视觉冲击。

如图 6-29 所示，上下图片分别跨越四栏和两栏，版面在网格的基础上变化较为丰富，设计效果良好。

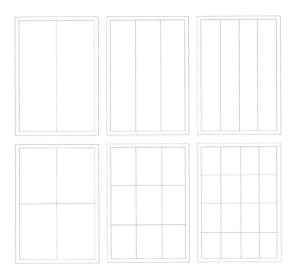

图 6-27　网格分栏

图 6-28　不对称的六栏网格

图 6-29　五栏网格

（2）分块。

分栏是分块的前提，分块的数量是以分栏的数量为基础的，分块使版式中的图片和文字编排形式更加丰富多元化。分栏到分块其实是版式从无到有再到细化的过程，同时也对内容进行了层级、结构上的梳理，如图 6-30 所示。

一套良好的网格结构可以帮助设计师明确设计风格，排除设计中随意编排的可能，使版面统一规整。设计师可以利用两者的不同风格编排出灵活性较大、协调统一的版面。如图 6-31 所示为分块网格的版式设计，插入不同色彩的图片，使版面充满了趣味性，版面充实、有序。

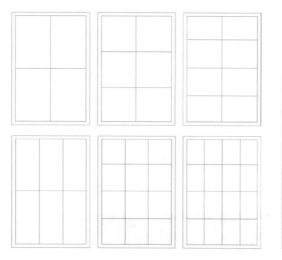

图 6-30 网格分块

图 6-31 分块网格的版式设计

5. 在有限网格中灵活编排

在版式编排的过程中，因为网格形式具有多样性，所以能够编排出丰富的版式结构。运用网格可以保证版面的整齐和统一，使内容结构更加严谨，但运用不好也会让版面显得呆板。所以我们在实际运用网格时，要适当地打破网格的约束，增加版面的节奏感和吸引力。常用的方法有留白处理，可以增强版面透气感；或者让图片出血，增加版面的生动感和灵活性；还可以让图片跨页，增强版面的视觉冲击力。

如图 6-32 所示，为四栏对称式网格，栏间距确定，这种网格使版式更加规范、整齐。插入的图片合并两栏、四栏，版面适当留白，右下方大图以出血效果呈现，使画面更加生动灵活。最后置入素材并去除网格，相同栏距使版面统一，融合感强。

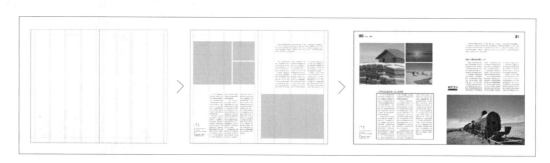

图 6-32 编排流程图

三、学习任务小结

本次学习任务介绍了网格设置与运用，通过对网格案例的剖析、网格编排流程的展示，同学们对网格的设置和运用有了初步的认知。课后，希望同学们关注日常生活中网格的设置与运用实例，掌握网格编排的技能，将网格应用到平面设计的各个领域，提升审美能力。

四、课后作业

（1）每位学生收集 20 张优秀的版式设计图片，对每张图片的网格进行分析，并画出该版式的网格结构。

（2）收集 5 张平面设计类图片，运用所学知识，重新设置网格，创造出新的网格样式，完成最终排版并写出设计的理由。

学习任务

三 网格的突破

教学目标

（1）专业能力：了解网格系统的变化规律，以及变形网格的设计技巧。

（2）社会能力：关注网格设计的新突破，提升个人审美能力，能够对作品进行总结归纳。

（3）方法能力：具备资料的收集与整理能力，设计案例分析、提炼及应用能力。

学习目标

（1）知识目标：掌握网格系统的变化规律和变形网格的设计技巧。

（2）技能目标：能够独立设计出有突破性的网格。

（3）素质目标：具备一定的网格比例协调设计能力。

教学建议

1. 教师活动

（1）教师通过展示收集的大量优秀版式设计作品，讲授网格突破的相关知识，并鼓励学生对所学内容进行总结和概括。

（2）教师通过对各类新颖网格的版式进行分析与讲解，让学生懂得如何设计美观的版面。

2. 学生活动

（1）分组推选优秀版式设计作品并进行分析，学会鉴赏作品，提升审美能力和表达能力。

（2）尝试多种网格的设计方法，提升动手能力。

一、学习任务导入

打破思维的界限，网格可以创意出更多的"意外"。网格设计不是一成不变的，按照素材的限制与设计的需要，对网格进行有序的调整，这样在打破呆板版面的同时也能保证版面的整体性与平稳性，创作出更为精妙的版面编排。

二、学习任务讲解

1. 网格系统的变化规律

看似简单、规范的网格设计，对版面的划分其实很灵活。建立之前需要进行精确的测量并划分栏目，灵活掌握网格系统的变化规律可以令版面更加出色。

在进行版式设计之前，应该先确定版心，对文字、图片以及内外页边距的区域进行明确界定后，再考虑版面的分栏。另外，辅助线对于控制整个版面起到重要的作用，辅助线越多，排版时的参考标准也就越多。

（1）水平编排。

将网格中较大的版块放在水平方向，可以引导读者视线横跨一个单页或对页，形成水平的动感；其他元素则可以按照这种水平运动的趋势进行编排。如图 6-33 所示，左图运用网格将图像编排在水平的版块中，形成水平运动的感觉，引导读者视线横跨页面。右图将部分图像进行跨页编排，并出血处理，既增强了版面的动感，又加强了左右页的联系，并为读者带来无尽的想象空间。

图 6-33　水平编排

（2）垂直编排。

在网格的垂直面中编排长条形的版块，可以引导读者视线在版面中上下移动，形成动感的效果。如图 6-34 所示，将文本垂直拉长至页面底部，形成垂直的动感，纵向的图片也加强了这种效果。读者在阅读时会调转出版物的方向，使其变为竖版，形成垂直的动感。这样既丰富了表现形式，又使阅读过程变得更有趣。

（3）组合编排。

根据信息的不同，可以将版面中的元素在不同风格的网格中间进行变换，以形成丰富的效果。如图 6-35 所示，左图版面中文字与图片分区明显，版式规整、常见，给人规范、整齐的印象。右图将部分文本移到图片版块中，同时将部分图片也移到文字版块中，增强了整体性和变化感。

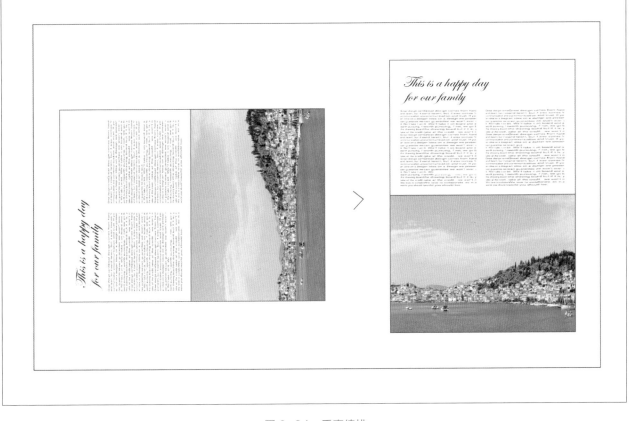

图 6-34　垂直编排

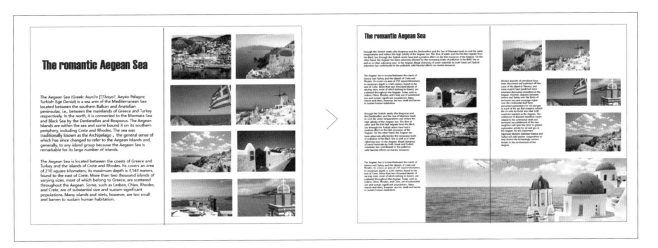

图 6-35　组合编排

2. 变形网格

变形网格是在网格设计的基础上变化发展的，它是在网格的基本形上，通过并合、取舍部分网格，寻求新的造型变化，所产生的造型无穷无尽，并且富有活力，深受读者的喜欢。经过变革的设计，变化小的作品，网格一眼就能明晰可见；变化大的作品，也依然能保留部分网格的痕迹。如：在一个版面中常采用多种网格并存的手法，但在这种复杂的结构中依然能找出潜在的基本网格，复杂的结构变化只是增强了版面的生动性和艺术性。

在设计中运用网格分割手法来设计，首先将版面划分成有序的空间，在有序的网格空间内取舍编排，既不失网格的严谨、庄重的美，又有灵活的空间变化，极富设计感和品质感。设计师灵活掌握变形网格的手法，将大大拓宽设计空间。如图 6-36 所示是杂志内页设计，跳跃的字母使平淡的网格版面变得活跃起来，放大的行首字母在设计中起到了视觉图形的作用。

图 6-37 所示为三栏网格版面，设计师有意空出版面右上方和左下方的空间，在左下方对标题进行个性化编辑。

如图 6-38 所示的版面划分出三栏网格的空间，取第一栏安排标题、图片和相关信息。

如图 6-39 所示的杂志内页版面为双栏结构，而各栏的上下又有小小的错落，使版面严谨而不失活泼。

如图 6-40 和图 6-41 所示，版面留白的空间很多，影响了网格的完整呈现，但网格的结构也依然明晰。版面的设计非常简洁整齐，设计感强，而设计的成功之处在于对"空间设计"的把握。设计作品中的整体留白空间能更好地烘托主体，而破碎的留白空间则干扰、破坏主体或整体性。

如图 6-42 所示，杂志版面为三栏网格，版面传达的符号元素都以白底衬托，留白与符号是用心的设计。

图 6-36　灵活编排网格

图 6-37　版面留白处理

图 6-38　网格灵活编排展示

图 6-39　版面的灵活编排

TV Asahi's New CI by Tomato
Tomatoによるテレビ朝日の新しいCI

"These ideas represent a desire to create an original brand identity that is not simply a fixed badge for TV asahi. This document contains the first stages of creating a clear, expandable, adaptive, user friendly language for TV Asahi. All of the ideas have the capacity to be developed for all of the media in which TV Asahi might find itself working in the future."

The first presentation by Tomato in October, 2002

「これらのアイデアは、単に固定されたアイコンではなく、テレビ朝日のための独自のブランド・アイデンティティを作りたいという欲求の表われである。ここには、テレビ朝日のための、明確かつ、拡張・変更することが可能で、ユーザー・フレンドリーな言語を創るための第一歩が用意されている。どのアイデアも、テレビ朝日が将来直面していくすべての媒体に適用することが可能なものとして作られているのである。」

2002年10月、Tomatoによる最初のプレゼンテーションより抜粋

tv asahi

While many of corporations use corporate identity (CI) as a graphic icon that clearly mirrors their corporate message, the new CI of TV Asahi, created by Tomato, drastically differs from conventional ones. The TV Asahi commercial that promotes programs of its own station shows CI in various patterns of movement, synchronized with tracks that symbolize the programs. The sound is transformed to a certain movement, and the movement is generated incessantly in infinite patterns. While CI by other TV stations only functions as one of the static icons, the new CI of TV Asahi makes the maximum use of the attribute of TV station, namely the ability to present visuals continuously. The new CI of TV Asahi is controlled by the 'lunetto' system designed by Tomato. CI primarily represents the selfhood of the corporation, and it is a business strategy to equate the corporate image both from within and outside the corporation. For CI to function effectively, the corporation first requires understanding of in-house workers. Here we attempt to thumb through internal CI manuals made to be recognized and understood by all in-house workers, and introduce Tomato's mechanism of communication as seen in the new CI of TV Asahi.

これまでに多くの企業は、経営理念に対応した、自社の存在意義を明確に表現する一つのグラフィカルなアイコンを、コーポレート・アイデンティ（CI）として用いてきた。最近リニューアルしたテレビ朝日の新CIは、一般的に認識されているのとは違ったものとなったのである。デザインを手掛けたのは、ロンドンでテレビ番組を手掛けたのは、ロンドンでテレビ番組を...

family 1

書体の統一感と雑踏
色割知覚における錯覚―3

書体には同じデザインで幅や文字幅の異なるもの、あるいは文字を傾けて示したイタリック体などが用意されている。これらは多様化する内容のテキストに対応するために、このような一種の大家族のファミリーと呼ぶ。我々のタイポグラフィにおいて、書体のファミリーをどう扱いこなすかは重要なことであり、タイポグラフィデザインを美しくさせている要因でもある...

Uniformity and Diversity in a Font family
Illusion of Color Perception-3

Fonts can have letters with different widths and strokes, and also italic versions with slanted letters.

These variations respond to the demand created by the many different kinds of text content, and their complete range is called a family. The question of how one uses font families is an important one for Latin Alphabet typography, and is one of the elements that makes typography design fun. A family is usually composed of two styles with different line thicknesses—Medium and Bold—as well as their italic styles. A large family can have up to nine different styles. The work on pages 76 and 77 takes font families as its theme. First, I assigned the same color to the same characters in different styles of the same typeface. Then I placed the characters against different background colors so that each character would look different. I wanted to use the illusion of color perception to expose the relationship between the characters, which have common characters from belonging to the same family, yet are still different characters.

family 2

書体の統一感と雑踏
色割知覚における錯覚―4

ファミリーとして設定された数種のヴァリエーションによって生むコントラスト、色割を与えることによってのコントラストを意識させる試みである...

Uniformity and Diversity in a Font family
Illusion of Color Perception-4

This is an attempt at decreasing the contrast created by variations in the line thickness of different faces in the same family by assigning colors to them. For this work, I used an uppercase O: I chose extremely unsaturated hues of green, yellow, red, blue and grey and standardized their intensities, which means the contrast created by the differences in line thickness. When these letters are placed against four different color fields, an illusion of color perception brings back the contrast that had vanished as a different contrast.

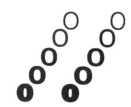

図 6-40 网格留白设计 1   图 6-41 网格留白设计 2

rheinhafen   asel: 40 Jahre   Preisentwicklung   von Erdöl

→ kein Tropfen öööl...   → kartelle — kriege—
                                              Länderquoten

editorial

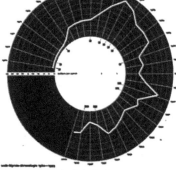

图 6-42 网格的灵活编排

三、学习任务小结

本次学习任务介绍了网格系统的变化规律和变形网格，网格案例的剖析让同学们对网格的突破有了初步的认知。课后，希望同学们关注日常生活中网格的突破应用，掌握网格创新的技能，将网格的突破应用到平面设计的各个领域，提升审美能力。

四、课后作业

（1）每位学生收集 10 幅日常生活中网格突破的图片，对每张图片的网格进行分析。

（2）学生尝试独立设计 5 张具有突破性的网格作品。

项目七
版式设计的应用与实践

学习任务一　传单、折页的版式设计
学习任务二　提升版面的高级感

学习任务 一

传单、折页的版式设计

教学目标

（1）专业能力：掌握传单、折页的版式设计技巧。

（2）社会能力：具备一定的传单、折页设计创意能力

（3）方法能力：具备资料搜集能力、案例分析能力。

学习目标

（1）知识目标：掌握传单、折页的编排设计技巧。

（2）技能目标：能对传单、折页进行版式编排和设计。

（3）素质目标：具备一定的设计审美能力和平面设计能力。

教学建议

1. 教师活动

教师展示收集的传单、折页作品，带领学生分析其版面构成，并讲解传单、折页的版式设计方法。

2. 学生活动

认真聆听教师讲解传单、折页的版式设计方法，并在教师的指导下进行设计实训。

一、学习问题导入

各位同学，大家好！本次任务我们一起来学习传单、折页的版式设计方法。传单和折页是一种以传媒为基础的纸制宣传流动广告。它们简单、轻便，方便携带和浏览。传单页篇幅有限，因此，内容必须简单明了，能吸引读者，并引导读者阅读，如图 7-1 所示。折页相对于单张来说内容更丰富，如图 7-2 所示的几款宣传折页，属于风琴折，虽然折页尺寸相对较小，但是折数多，内容很丰富。

图 7-1　宣传单

图 7-2　折页

二、学习任务讲解

1. 折页设计案例分析

如图 7-3 所示是某餐饮公司的推广折页，其以简洁、概念的形式展示公司的设计理念。以菜品和主食的来源为出发点，折页的内容有土地、大米、蔬菜、茶、咖啡、碗筷。主题突出，信息层级分明。

2. 折页设计要点

（1）标题设计。

标题是表达广告主题的文字内容，应该具有吸引力，使读者一眼能看到所要表达的内容，吸引读者注意，引导读者一步一步往下看，阅读广告正文和广告插图。标题一般使用比正文大的字号，安排在版面中最醒目的位置，需要注意配合插图造型。如图 7-4 所示，每一页的折页标题，都竖排在左上角，字号偏大，颜色偏深，画面的留白处理使得标题非常醒目，画面简洁。

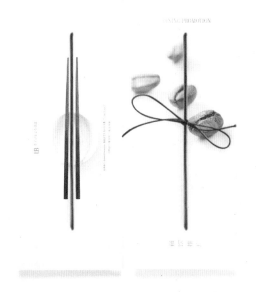

图 7-3　折页封面、封底

（2）正文设计。

正文是说明广告内容的文体，是标题的发挥，叙述事实，使读者去详细了解。每一页的折页正文都是该页标题的详细阐述，介绍食材的来源等。正文在每个折页里都是居左对齐排列。如图7-5所示，每一页标题与正文的边距都是相等的，这样的排版使得画面非常整齐，有秩序感，让人阅读起来非常舒适。

图7-4　折页内页

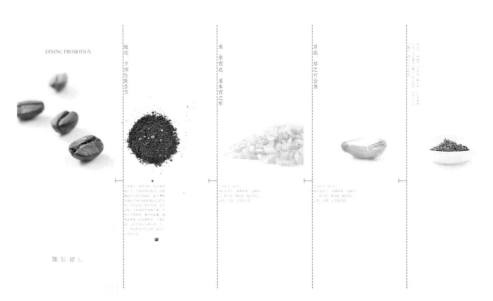

图7-5　标题正文居左对齐

（3）广告语设计。

广告语是配合标题、正文加强商品形象的短语，应顺口易记，在设计时可放在版面任何位置。

（4）插图设计。

插图必须符合整体设计风格，有形有色，具有较强的艺术感染力和诱惑力，突出主题，需要与广告标题相配合。折页的插图参考了无印良品的拍摄角度，特写食材，把食材毫无掩饰地展现在读者面前，给人一种信任感，表达了食材非常健康，无污染，可以放心食用的信息。

（5）标志设计。

标志是人们识别商品或企业的主要符号。在广告设计中，标志不仅仅是广告版面的装饰物，还是重要的构成要素。在整个宣传印刷设计的版面广告中，标志造型单纯、简洁，其视觉效果强烈，在一瞬间就能被读者识别到，给人留下深刻的印象。因此在广告设计中，必须加上企业标志。

（6）公司名称设计。

一般都放在广告版面的下方次要位置，也可以和商标放在一起。

（7）色彩设计。

色彩能增强广告的效果，折页整体色调以灰白为主，传递了一种舒适感和信任感。

三、学习任务小结

本次任务学习了折页的设计要点，包括标题设计、正文设计、广告语设计、插图设计、标志设计、公司名称设计和色彩设计。课后，同学们要多收集优秀的传单和折页设计案例，形成资料库，积累设计经验。

四、课后作业

根据所学知识，为学校招生宣传制作一张三页宣传折页，分辨率为300dpi，尺寸大小自拟。

学习任务
二

提升版面的高级感

教学目标

（1）专业能力：能够运用版面编排设计的知识与技术，设计出带有高级感的版面效果。

（2）社会能力：能从日常生活中提取设计元素。

（3）方法能力：具备设计创意能力、设计思考分析能力。

学习目标

（1）知识目标：掌握提升版面设计高级感的方法与技巧。

（2）技能目标：能优化版式设计手段，设计出具有高级感的版面效果。

（3）素质目标：具备一定的艺术审美能力和艺术表现能力。

教学建议

1. 教师活动

教师通过讲解与分析版式设计案例，总结提升版面设计高级感的方法与技巧，并指导学生进行实训。

2. 学生活动

认真聆听教师讲解与分析版式设计案例，并在教师指导下进行实训。

一、学习问题导入

高级感在版式设计中指制作水平精良、创意较好、整体设计和谐的作品。如图 7-6 所示，左图虽然色彩更加丰富，但没有右图简洁明快，即右图的高级感更强。左图的场景有点杂乱，很容易分散注意力；而右图经过后期调整为灰度图后，在层级对比上表现力更好。

图 7-6　高级感对比

二、学习任务讲解

1. 版式设计案例分析

（1）案例 1。

如图 7-7 所示，左图和右图同样都是拍摄建筑屋檐，但是右图的高级感更强。除了本身图片的色彩、色调之外，右图的构图视角让人眼前一亮，在构图的形式上采用别出心裁的视角也会使得作品更加与众不同。

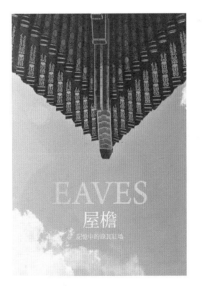

图 7-7　版式设计案例 1

（2）案例2。

如图7-8所示，两张同样的设计版面，右图的高级感更强。左图的设计版面较右图而言，地图与信息的间距太近，整个画面显得比较拥挤，没有空间感。在版式设计中空间留白，同样是考察作品高级感的一种方式。

图 7-8　版式设计案例 2

（3）案例3。

如图7-9所示，案例整体使用了黑白灰的色调搭配橙色，简约中又有相当鲜明的风格。人物也使用了叠加照光的效果与字母 B 融合在一起，主体性很好地表现了出来。主要信息用橙色更突出了其重要性。这幅海报设计案例的版式设计简约而又富有高级感。

（4）案例4。

如图 7-10 所示是电影《蝙蝠侠大战超人：正义黎明》的宣传海报，其采用插画仰视视角的构图形式，超人的形象特别大，下面是蝙蝠侠的身影，视觉上比较沉重，暗示着这场对决的沉重与压抑，还有彼此立场的矛盾之处，画面也更加有思想性与品质感。

图 7-9　版式设计案例 3　　　　图 7-10　版式设计案例 4

（5）案例5。

如图 7-11 所示，案例在空间留白上做得非常出色，通过主体花的图形与主标题周围留白的运用，很好地突显了主体与信息的层级。同时，线性元素的对比性与归类性使得画面更有格调，简约而不简单，充满高级感。

图 7-11　版式设计案例 5

2. 三种提升高级感的方法

（1）单色相。

色彩是最为基础也是最为直观的表达情感的一种形式。黑白灰在色彩感受上对情感影响最小，相对最为客观。由于这个特性，黑白灰往往会被定义成简化画面的专用色。但也不是任何版面都可以用灰度图，具体还要根据版面的需求来定。

在画面中如果有过多色彩或者图片本身色调对比度较大的话，很容易让画面变得杂乱，影响画面的统一性。采用灰度图或者低纯度的图形，并让文案用彩色进行表现，可以让信息传达更为准确，同时提升了画面的高级感，如图 7-12 所示。

原图　　　　　　　　　灰度　　　　　　　　　低纯度

图 7-12　单色相版式设计

海报版式设计实训步骤如下。

步骤 1：如图 7-13 所示，图中人物呈现起跑的状态，运动本身除了诠释力量与美，在当今时代中也是一种时尚与潮流的代名词。在版式设计中，可以从力量、美、时尚等角度出发，在色彩上去掉多余的色彩，运用单色相的表达形式，让画面更加简洁。

步骤2：将人物放置在创建好的画布上，并置入一个新的地板，使人物像是在一个场景中奔跑，使得画面更加有代入感。刻画主体是第一步，在视觉平衡的基础上尽可能让主体更加饱满，如图7-14所示。

步骤3：将地板做虚实变化，产生远近的空间感。背景的颜色用浅蓝色，与主体人物呼应，色彩倾向上更加统一。将相关的文案信息放置在版面中，主标题与人物形成前后叠加的视觉效果。调整后的版面如图7-15所示。

图 7-13　单色相版式设计案例步骤 1

图 7-14　单色相版式设计案例步骤 2

图 7-15　单色相版式设计案例步骤 3

步骤4：保留运动裤的蓝色部分，将人物变成了单色灰。另外复制新的图层做紫红色叠加的动感效果，让画面更加有力量感和速度感。单色相下视觉更容易聚焦于主体之上。视觉冲击力比较强，画面显得更加有品质感。调整后的版面如图7-16所示。

步骤5：这个版面的处理更加着眼于单色蓝的运用，加上紫红色的叠加效果，年轻、时尚的气质更显著。白色标题的处理与人物呼应，整体性更强。版面在单色相的表现形式上同样具备了高级感的特质。最终版面如图7-17所示。

图 7-16　单色相版式设计案例步骤 4　　　图 7-17　单色相版式设计案例步骤 5

（2）视角。

版式设计可以从视角出发重新规划版面，这样往往会收到意想不到的效果。通常情况下我们都是通过常规视角去观察事物的，打破人们的常规视角，往往有耳目一新的效果，如图 7-18 所示。

俯视　　　　　　　　　仰视　　　　　　　　方向

图 7-18　版式设计的视角

俯视往往表现的是一种大气磅礴的气势或者是一种有趣的呈现形式。而仰视构图则会表现出庄严、神圣的情感色彩，但也会有压抑感与紧张感。不同方向的视角在构图形式的表现力上也各有不同。三种视角形式若运用恰当，会营造出一种设计的高级感。

海报版式设计实训步骤如下。

步骤 1：新建海报背景，陈列文字信息，红酒与牛排的英文作为一个核心视觉点，选用了欧式手写体的字形表达主题气质。其他信息调整好位置也置入画中，背景选用了灰蓝色，表达一种典雅的格调。版面如图 7-19 所示。

步骤 2：如图 7-20 所示，左图采用平视构图形式，主标题文字与红酒灵活穿插，投影效果也营造了真实效果。右图的俯视构图形式更具趣味性，给人以不同的视角体验。相对比之下右图更有高级感。

步骤 3：配图的比例位置可以按照黄金比例；文字信息的间距和位置可以通过网格系统规范，如图 7-21 所示。

149

图 7-19　版式设计视角变化案例步骤 1

图 7-20　版式设计视角变化案例步骤 2　　　　　　　图 7-21　版式设计视角变化案例步骤 3

（3）留白。

适当的留白会让画面更有空间感，更加透气，减轻视觉负担。适当的留白还可以让画面变得更加有意境。合适的留白同样可以营造版式设计上的高级感。

留白不是单纯意义上的留出白色。"白"代表的是一种空间的概念。只要是表达空白的空间即可表示留白，颜色上没有限制。如图 7-22 所示为运用留白的版式设计作品。第一幅图大面积的浅蓝色，留出了呼吸空间；第二幅图采用了淡黄色的古色古香的背景，留出了韵味；第三幅图桃子在中间，由蒲扇营造的留白突出了桃子在版面中的重要性。

留出呼吸

留出韵味

留出重要性

图 7-22　版式设计的留白

海报版式设计实训步骤如下。

步骤 1：新建海报背景，陈列文字信息，然后将主标题与主体配图方向逆时针旋转 90°，建立方向上的对比性，如图 7-23 所示。人物的方向调整更突显休闲、时尚的主题思想。主要信息也通过提炼调整更加突出核心优势。

步骤 2：运用色彩搭配使画面更丰富。左图的内文信息是通版的排列形式，主标题也相对较小；而右图的内文信息缩减单行字数，留出空间，将主标题变得更大，如图 7-24 所示。内文与主标题的交接处留白的运用使得画面更有高级感。

图 7-23　版式设计留白案例步骤 1

图 7-24　版式设计留白案例步骤 2

三、学习任务小结

通过本次任务的学习，同学们初步掌握了提升版式设计高级感的三种方法，即单色相、视角与留白。通过分析优秀版式设计案例，同学们了解了这三种方法的具体运用。课后，大家要根据具体设计项目灵活运用这些方法，设计出具有高级感的画面。

书籍杂志版式设计

四、课后作业

设计一幅具有高级感的海报作品。

参考文献

[1] 赵奕民，李福鹤. 版式设计 [M]. 北京：中国原子能出版社,2015.

[2] 周妙妍. 版式设计经验法则与实战技巧 [M]. 武汉：华中科技大学出版社,2020.

[3] 梁永顺，陈家富，赵奕民. 梁永顺漆画艺术 [M]. 香港：长城艺术出版社,2017.